Beautiful Life

Beautiful Life

「酵素」の謎——なぜ病気を防ぎ、寿命を延ばすのか

酵素奇蹟

不生病、抗老的關鍵祕密

日本酵素之父、酵素營養學研究權威

鶴見隆史——著

邱香凝——譯

推薦序

酵素，美麗的奇緣

投入酵素斷食教育十八年，互動深的朋友清楚我從事教育的中心思想，覺得身爲台灣人極度幸福，是台灣的善良人文以及豐富的作物資源引領我投入養生的教育。因爲斷食，我認識了醫學教育無從理解的身體之道，關於身體，很多名稱一再被我引用，譬如身體的智慧、身體的立場、身體的設定、身體的選擇以及身體的天賦，這些名稱都是我用來詮釋和身體對話所獲得的重大體悟。

因爲有酵素，我可以輕鬆熟練斷食，因爲有酵素，我深信斷食會有一天在台灣成爲顯學。我從對於細菌的好奇輾轉接觸到酵素，因爲酵素而領悟根本的身體脈絡，因此來自大自然的這兩種力量成爲我講述身體之道的重要章節，除了細菌的力量和食物酵素的力量，我不忘在講堂中提醒，還有身體的力量。

針對食物酵素，必須從食物的本質學習起，不斷在課堂中分析「食物的本質是生命」，包括食物酵素胃和生食與熟食的比例，這一段教材可以一路領悟到疾病的根源，鶴見隆史前輩以消化酵素和代謝酵素論述，早期這也是我的說法，直到我以「身體處理食物就不處理廢物」重點詮釋身體的囤積和耗損。

回想起推薦《生食，吃出生命力》這本書的因緣，回想起推薦《空腹奇蹟》的機緣，畢竟這是居住於熟食文明的人很欠缺的領悟，我深知，也是不少崇尚營養主義的學者很稀有的知見。

有機會領悟委屈和恐懼這兩種感受和癌症之間的關係，我在教學經驗中，強烈收到生食與斷食所引發的這兩種感受，那終究是頭腦的委屈和恐懼，不懂得和身體將心比心的結果，不會知道吃生食和斷食的過程，身體不但不委屈，也不會恐懼。

先決條件，是為身體置入充沛的酵素資源，說到此，就是酵素這個名稱需要「正名」的時候，從消費市場和民間的認知，除了混亂，多數人還是一頭霧水。

早期我在原水文化出版的《零疾病、眞健康：不依賴醫生的80種方法》裡面有一篇〈酵素不是一種產品〉，就是試圖釐清很多人對於酵素名稱上的誤解。從食物中的酵素到身體內的酵素，還有酵素工廠所生產出來的酵素，針對很疑惑的學員，後者我都改稱「植物發酵液」。

鶴見隆史前輩這本著作幾乎是養生精髓的完整論述，除了學術性，也兼具生活實用性。類似的日本作品不少，這本書是唯一把《酵素全書》更加生活化的作品，他不忘從自己的體悟反觀醫療的無能，長期撰述類似角度的我讀起來很有共鳴，我希望每個人都能清楚自己爲何身體有狀況，也希望人人都能釐清自己改變飲食和斷食的動機，更希望清楚能量養生概念的人都能做到酵素生命的定期定額，讓生命滋養生命，讓生命啓動生命。

「以前我問某位教授：『造成這種病的原因是什麼？』結果對方非常生氣地說：『別問這種事！』在西醫中，追究病因幾乎是禁忌，說來可悲，但這就是現實。」摘錄書中這一段話之餘，當我們深知「高胰島素血症」是所有生活習慣病的元凶，當我們也熟知睡眠、斷食和腸道菌互不可分割的關係，當我們呼籲「身體不處理食物就處理廢物」這麼多年之餘，這一切的覺悟都源自酵素所帶來的奇蹟，而且在我的生命中，和酵素結緣不僅是奇蹟，也是美麗的奇緣。

陳立維
自律養生之家發起人

前言

近年來，隨著健康意識的提升，酵素逐漸爲一般人所知，甚至可說掀起了一陣風潮。然而，酵素研究的歷史尚淺，正確的「酵素營養學」始於一九八五年。當時，美國艾德華．賀威爾（Edward Howell）博士在長達五十年的研究後，發表了劃時代之作《酵素全書》（*Enzyme Nutrition*），至今還未滿三十年。

酵素仍有許多未解之謎。就連酵素的數量，不久前還以爲人體內只有約三千種體內酵素，但近年已經提高到超過兩萬種了（相信隨著今後的研究，這數字還會增加更多）。

此外，由於酵素是活的營養素，不容易捕捉，難以定量計算。從以上幾點可看出，酵素還存有太多未知領域，相關研究尚在發展中。

酵素營養學屬於量子力學（從取代古典力學的新運動定律中發現的力學）範疇，是肉眼不可見的夸克（構成物質的基本單位）領域，也可說是最先進的科學。儘管酵素如此難以捉摸，唯有一點我敢斷言，那就是——

人類的壽命受到「體內酵素數量影響」。體內酵素的多寡，關乎人體是否會生病，也左右了壽命的長短。在日本，人們開始意識到酵素的重要還不到十年，但我有信心自己是這股酵素風潮的先驅者。二〇〇三年推出《最強の福音！スーパー酵素医療》（中文版《超級酵素：日本酵素權威醫師教你認識酵素，遠離病痛》）一書，至今已出版超過二十本與酵素相關的著作。

秉持著先驅者的自信，運用現今已確定的酵素知識和資訊，我將在本書中以簡單易懂的方式解開酵素之謎，說明如何利用酵素來避免疾病。

說明的過程中，也會提及加熱食物使酵素數量大幅減少的危險性、關於糙米的「錯誤常識」，以及最近重新檢視過的「酵素對大腸的重要功效」。

本書最後一章則是實踐篇，將我在診所中實際執行過的酵素斷食法，改編為初學者也適用的內容。若是各位也能將從本書中獲得的知識推廣給家人及親友，對身為作者的我來說，沒有比這更開心的事了。

鶴見隆史

目錄

推薦序 **酵素，美麗的奇緣** 陳立維 3

前言 7

序章 從營養學角度洞悉**生病原因**

說「什麼都可以吃」的醫生 18

西醫的界限 21

糖尿病患者激增告訴我們的事 23

爲何高麗菜可以治氣喘？ 26

第1章 至今所知的**酵素之謎**

三大營養素所扮演的角色 32

只靠營養素身體是動不了的 34

一百兆個體內細胞也需要酵素 36

酵素有何作用？ 38

酵素能改變血型？　41
酵素的成分　43
酵素的種類　46
一種酵素進行一項工作　48
酵素的壽命　51
酵素只會生成一定的量　54
白髮與酵素的關係　56
人類的酵素儲藏量有幾年？　58
輔助酵素的維生素和礦物質　60
因諾貝爾獎被誤解的酵素營養學　64
酵素研究爲何落後五十年？　67

第2章 人體中的酵素運作

消化酵素與代謝酵素　70
不管吃進什麼食物，都要靠消化酵素　73
只吃草的牛爲何能長肌肉？　77

獅子只吃肉，如何補充維生素C？ 80
過度浪費「消化酵素」引發的危機 82
耗損酵素的飲食生活 84
生存活動全靠「代謝酵素」 87
沒有酵素，能量回路就無法運作 89
酵素是最主要的抗氧化物 91
日本人不擅飲酒的原因 94
暴飲暴食也沒事的關鍵何在？ 97
健康檢查報告上的γ-GTP也是酵素！ 99
沙林毒氣如何危害酵素運作？ 102
代謝量愈多愈容易短命 104

第3章 酵素減少！熱食的危險性

繩文人長壽的原因 108
改善動物園死亡率的餌食 110

動物實驗顯示的酵素力量　113
食物好壞能左右疾病的發生　116
長壽村與短命村的飲食差別　119
五十度水洗和冷凍都利用酵素的力量　122
動物只吃生食的原因　125
人類也有兩個胃？　128
導致胰臟肥大、大腦縮小的原因　131
吃烤魚配蘿蔔泥的科學依據　133
優良食材——水果的力量　136
癌症與酵素的關聯　138
讓人健康的食品條件　142
治療疾病的酵素飲食　144
生食與熱食的比例六：四　147
從酵素營養學看和食的功效　153

第4章 根本原因就在**腸與腸內菌**

「第二大腦」腸道扮演的角色　156
我不使用抗癌藥物的理由　159
所有疾病都來自「消化不良」　161
腸漏症候群　166
腸內產生的四大現象　169
含氮殘留物與次級膽汁酸結合會怎樣　171
新學說——腸內菌的酵素是體外酵素！　173
腸內菌的運作與肝臟不分上下　178
癌症與膳食纖維的關係　180
掌握健康之鑰——短鏈脂肪酸　183
短鏈脂肪酸的作用，二十一世紀才獲證實　187
控醣減肥的危險陷阱　189
讓德國醫生讚嘆的明治時代飲食　192
腸位在人體之「外」？　194

長期吃胃藥會…… 197
小腸癌增加的原因 199
身體一寒就容易致癌 201
活化小腸的「腸道免疫力」 203
免疫力可由排便判斷 206

第5章 侵蝕身體！減少酵素的飲食

肥胖者為何短命？ 210
人類老化的三大原因 212
少量攝取動物性食物的必要性 215
早上最好輕食 217
吃完就睡為何對身體不好？ 220
砂糖所引起的危害比肥胖更可怕 222
在日本「逍遙法外」的反式脂肪酸 224
油質左右你的健康 228

小心食用粉末狀食品 231
蔬果的種籽不宜吃 233
吃糙米好不好？ 235
去除糙米毒素的方法 238
藥物會阻礙酵素作用 241

第6章 這樣做很簡單！攝取酵素的方法

生病時的飲食選擇 244
少食與長壽關係的實證 246
一天兩餐身體變健康 249
攝取酵素的方法①果汁 252
攝取酵素的方法②磨成泥 254
攝取酵素的方法③發酵食品 256
攝取酵素的方法④細嚼慢嚥 259
攝取酵素的方法⑤喝好水 261
睡眠的兩大作用 263

終章 給初學者的**鶴見式酵素斷食**

斷食（鶴見式・半斷食）爲何對身體好？ 266
斷食與酮體 268
斷食的效能 271
斷食該注意什麼？ 273
適合新手的酵素斷食 275
鶴見式・半日斷食餐 276
鶴見式・一日斷食餐 277
鶴見式・兩日半斷食餐 278

結語 280
體內的「酵素力」診斷測驗 282
參考文獻 283

序　章

從營養學角度洞悉
生病原因

說「什麼都可以吃」的醫生

我們先看看日本的西醫現況。

主治醫師對動完癌症手術、準備出院的病患說：「壞東西都拿掉了，以後你想吃什麼都行。」這樣的情景很常見吧？

乍看之下，好像是很爲病患著想的貼心醫生。但事實上，對於出院後還得繼續與癌症復發、癌細胞轉移等恐懼搏鬥的病患而言，說這種話的醫生根本就是不負責任。不懂酵素也就算了，這樣的醫生實在太缺乏營養學知識，也太不關心飲食與疾病之間的關係了。

多數西醫頂多只會忠告病患「請控制鹽分的攝取」、「請多補充蛋白質」或「魚油對身體很好，可以盡量多吃」。然而這些都只是從戰後延續至今，既過時又老套的營養指導。

爲何西醫經常出現這種說法呢？眞要說起來，理由不勝枚舉，在此試著簡單說一下我的看法。

其中一個原因，就像小說或電視劇常見的描述，日本醫學界建立在嚴格的「師徒制」上。現今西醫界的現象，正可說是身爲「師父」的教授等級人物造成的影響。這些深具影響力的「醫界大老」不僅幾乎不懂營養學，甚至瞧不起營養學，年輕的醫生自然也追隨大老們養成這樣的觀念。

大學醫學院裡的教育方式也有問題。

舉例來說，心臟專科只教心臟，肺臟專科只教肺臟，腦科只教大腦，像這樣解剖學式地將人體分成不同部位，每個部位的機能和疾病都分開教學。如此一來，每個人都只能學到自己專業領域的知識，就此養成日本的西醫不深入探究疾病成因的態度。

醫學院六年的課程中，傳授營養學的時間非常少，內容也不夠充分。醫生因此產生「食物是營養師負責的項目，不屬於自己專業領域」的想法。

此外，現在的健康保險制度（點數制）也造成某些惡果。

站在醫院經營的角度，根治疾病的治療法賺不了什麼錢。現在的醫療制度，使醫院不思索如何從根本治療病根，只一味以改善表面症狀爲目的。

簡單來說，這就是「對症治療」。追求「盡早找出病名並加以投藥」、「不去思考疾病成因，只要將已出現的症狀治好就好」。

我也有過類似經驗。以前我問某位教授：「造成這種病的原因是什麼？」結果對方非常生氣地說：「別問這種事！」

在西醫中，追究病因幾乎是禁忌。說來可悲，但這就是現實。

西醫的界限

對於急性病症和需要急救的患者，西醫能夠發揮強大的威力。

比方說，患者得了狹心症，只要擴張變狹窄的冠狀動脈就能救命；若罹患白內障，也能動手術切除混濁的水晶體；開抗生素給病人，可以抑制體內暴動的細菌。就像這樣，西醫在改善眼前迫切的危機時，或許確實是不可或缺的醫療方式。

這種化解眼前危機的醫療方式正適合忙碌的現代人，使得西醫成爲現代醫療主流。

問題是，遇到慢性疾病時，這樣的「對症治療」就束手無策了。有時不僅看不出效果，還會使病況惡化。

以白蟻侵蝕住家爲例，看到被白蟻啃食的牆面快倒塌了，西醫做的就是只修理這面牆。但是，白蟻依然存在，繼續啃蝕整棟房子的根基。就算表面上看似修好沒事了，總有一天整棟房子都會倒塌。

這情況和受癌症侵襲的病患很像。

不追究根本病因的西醫界限也就在這裡。

試著想想這爲何行不通。西醫雖然能夠治療急性疾病，在面對慢性疾病時卻不去追查根本原因，只讓病人吃藥吃成了藥罐子，主要採取的是「頭痛醫頭、腳痛醫腳」的對症治療。

不斷服藥的結果，可能會產生副作用或併發症（另一種新的疾病）。多數時候，併發症甚至比原本的疾病更可怕。這樣的悲劇，正在當今的日本反覆發生中。

糖尿病患者激增告訴我們的事

舉例來說，持續服用胃潰瘍藥物幾年後，有些患者卻罹患了癌症，也有人罹患糖尿病。另外，長期服用抗癌藥物的病人，有時癌細胞反而會轉移到更深層的地方，產生新的腫瘤。

在持續服用抗生素的病人身上，則是會產生真菌或降低免疫力，身體出現新的癌症。此外，若長期服用皮質類固醇（類固醇藥物），病人身體將變得容易受感染，進而罹患白內障或骨質疏鬆症，最後甚至有可能猝死。

如上所述，持續服用某種藥物反而容易引起新的問題，這是人人都該明白的事實。

實際上，西醫的確無法治療慢性病，以下舉幾個例子說明。

目前日本的糖尿病患者，包括可能即將罹患的高風險群在內，已超過二千萬人，相較於五十年前的一九六〇年代初期，才只有三萬人。

肥胖傾向兒童出現率

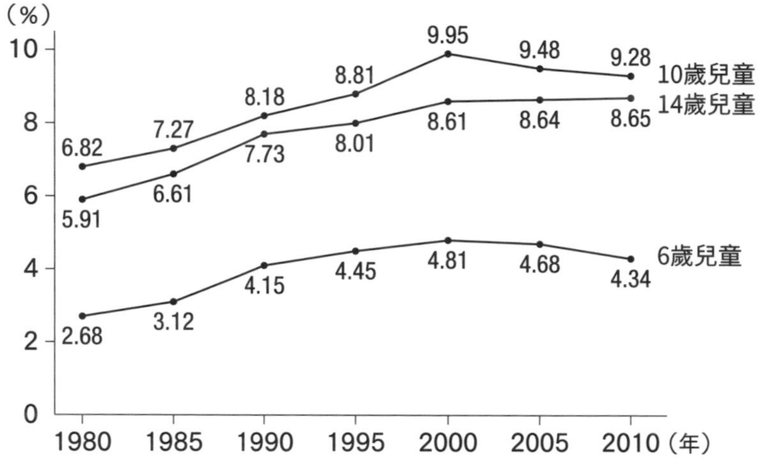

（引用自文部科學省「學校保健統計調查」）

罹患癌症的人在近三十年來增加了二點五倍。

阿茲海默症病患人數也急速增加，二〇〇八年已超過兩百萬人，預計二〇二〇年將有多達三百萬人罹患此病。

這些數字說明了什麼？那就是光靠對症治療，無法讓疾病痊癒。不把原因找出來並改善，疾病是治不好的。

再舉個關於日本未來孩子們現況、有點可怕的例子——日本肥胖兒童人數近年正在激增。視力的衰退也呈現一片慘狀。另外，有氣喘的兒童也比過去增加許多，小兒癌症人數更是世界第一。

其中，北里大學提出最具象徵性的數據。在五十四名因交通事故身亡的五歲以下兒童解剖（病理解剖）報告中，發現高達四十二名有動脈硬化的狀況。這是多麼令人背脊發涼的數字啊！

讓孩子們（大人們當然也是）生這些病的原因是什麼？

爲何高麗菜可以治氣喘？

這些疾病的成因，我認爲有以下三種：

一、紊亂的飲食生活；

二、強大的壓力；

三、惡劣的環境與生活習慣。

這三者是侵蝕人體的最大原因。其中尤以第一點，更是現代日本人急需改正的問題。忽視飲食生活習慣的治療，不可能具有成效。

以我個人的經驗來說，也能證明飲食與疾病的關係。

懷著「想爲人治病」的念頭學習西醫的我，也基於這個原因沒有繼續留在大學，而是向外涉獵了針灸、氣功、自然療法、瑜伽、養生飲食、中藥等各種領域，轉從這些面向繼續研修醫學。

關於養生飲食，我在三十多歲時學了延壽飲食法（macrobiotics，又稱大自然平衡飲食法），也指導過別人學習，並親身實踐這種飲食方式，它是以糙米爲主食，搭配煮過或炒過的蔬菜，藉此達到養生益壽的目的。

除此之外，我還學習各式各樣的營養學（分子營養學），但總覺得實行這套延壽飲食法時，是我人生中身體狀況最差的時候——早上難以清醒，腰部像掛了鉛塊一般沉重，時常頭痛，經常性地感到疲倦。

後來，我又嘗試各種不同的學習。直到一九九〇年代後，終於接觸到酵素營養學，飲食開始以水果和生菜爲主，同時合併服用美國發明的酵素保健藥錠。

從這時起，一切都改變了。早上醒來神清氣爽，腸胃順暢，排出漂亮的大便，肩膀僵硬的毛病消失，完全不頭痛，也不會感到疲倦。

我不是說糙米不好，也不是說煮熟的蔬菜不好。只是炊煮過的糙米和煮熟的蔬菜內完全沒有酵素。**人如果只吃不含酵素的飲食度日，一定會生病。**

這一點從我看過的諸多病患，以及我自己的經驗就可證明。

在此，分享一個稱得上是我酵素飲食原點的小故事。

我小時候患有小兒氣喘。十歲時，祖母從廣播節目中聽聞「高麗菜對氣喘患者有好處」，就開始每天切生高麗菜絲給爲氣喘所苦的我吃。淋上醬料的高麗菜意外美味，我每天早晚都吃下大量的生高麗菜絲。

氣喘主要的原因是過敏，本書第四章會詳細說明。簡單來說，引發過敏的是壞菌造成的腸內腐敗，而高麗菜在改善腸道環境上能發揮很好的功效。吃了一陣子高麗菜絲，我的氣喘就控制住了。

然而，以爲已經完全痊癒的氣喘，卻在我上高中後又發作了。當時，我經常食用以下這些東西：

一、塗上人造奶油的吐司麵包；

二、加了肉的速食泡麵；

三、巧克力之類的甜食。

只要吃到這三樣東西的其中一樣，氣喘就一定會發作。三種同時吃的話，情況則更加嚴重。

爲什麼會這樣呢？因爲這些食品含有大量使腸道腐敗的成分：一、是反式脂肪酸；二、是蛋白質與添加物；三、是蔗糖（砂糖）。我將在本書第五章詳細說明攝取這些成分的風險。

從這樣的親身經驗中，我學到「**氣喘只有在飲食不良時才會發作，只要妥善飲食就會治好**」的事實。少年時代的這個體驗，成爲現在我「酵素醫療」的重要基礎，也可說是根柢。

醫學之父希波克拉底曾說「火食（加熱食）相當於過食」，過食會引起疾病已是現代衆所周知的事。能在超過兩千四百年前就提及這個眞相，果眞慧眼獨具。

火食也會帶來疾病。因爲對人類而言最重要的營養素「酵素」，會因加熱而流失。

本書在說明酵素與腸道的關係同時，也會提及微循環，以簡單易懂的方式解開「酵素」之謎。

第1章

至今所知的
酵素之謎

三大營養素所扮演的角色

「人爲什麼要吃食物？」這眞是個根本性的問題。如果是你，會怎麼回答呢？

答案其實也很簡單，就是「爲了獲得活動所需的能量」。攝取的營養一方面轉變爲生命能量，一方面製造自己的複本，也就是子孫——這就是生命的活動。

爲此，人體必須要有能量來源，亦即大家熟知的三大營養素——醣類、蛋白質、脂質。三大營養素是生命活動所需的主要能量來源，除了提供行動的能量來源，有時也能成爲擊退疾病的免疫能量。

醣類直接作用於細胞內的能量產生引擎——粒線體。

蛋白質是骨骼、細胞組織或黏膜黏液的原料，它構成了我們身體的形狀。此外，蛋白質也是調節荷爾蒙與維持免疫力不可或缺的營養素。

脂質同樣是能量來源，也是細胞膜等生物膜的成分，它對維生素的輸送，調節體內各種機能的類激素前列腺素的產生，以及進行細胞間情報傳達的細胞激素（白血球等免疫系統細胞分泌的蛋白質總稱）的產生，都至關重要。

除了三大營養素，再加上維生素、礦物質及膳食纖維，就成了六大營養素。若再加上水，則可稱爲七大營養素。

此外，再加入近年蔚爲話題的多酚及類胡蘿蔔素等植物性化合物（又稱植物生化素，是存在於植物中的天然化學物質，具有強力抗氧化作用），就稱爲八大營養素。若以汽車來比喻，這些營養素（尤其是三大營養素）就如同汽油般的存在。

只靠營養素身體是動不了的

和汽車只要加油就會動不一樣，即使營養素相當於汽油，我們的身體光靠攝取營養素還是不會動，得從外部進入身體的食物中取出必要的東西加以利用，同時將不要的東西排泄出去，不間斷地更新細胞才行。

一言以蔽之，代謝就是「能量的生產與消耗」。說得複雜一點，則是「有機體爲了維持生命所進行的一連串化學反應」。人體的代謝，可大致分爲「異化」與「同化」。

簡單來說，異化指的是將物質分解，透過將分子分解爲更小的單位來釋放、取出能量的代謝過程。

以碳水化合物爲例，細胞將吸收的糖分解爲二氧化碳和水，這就是一種異化代謝。分解出的二氧化碳和水會成爲廢棄物排出體外，但異化的過程中，已分解、產生出各種生命活動所需的能量。

與此相反，同化則是一種將器官或組織「組裝起來」的過程，是一種使用異化作用分解出的能量，將比較單純的化合物合成爲身體部位的代謝反應。細胞在同化作用下成長、分化，構成更複雜的分子，個體因而慢慢變大。骨骼的生長和肌肉的增加都屬於此類。

所謂生命能量，就是碳水化合物、脂肪及蛋白質產生的化學反應，生命就是從某種物質變成另外一種物質的化學反應。

我們的身體是用來維持生命的一大化學工廠，「健康」可說是身體這座化學工廠運作順暢的狀態。

一百兆個體內細胞也需要酵素

人體約由一百兆個細胞構成（不久前還認爲只有六十兆個，但現在美國研究單位已修正爲一百兆個）。

這一百兆個細胞，每一個都會進行大約一百萬次不同的化學反應，連續不斷地發生於身體每個角落。這些化學反應必須借助「催化劑」的輔助才得以成立，而這裡的催化劑指的正是「酵素」。

如果前面介紹的三大營養素相當於汽車的汽油，那麼酵素就相當於電池。**包括人類在內的所有生物，體內進行任何化學反應都不能沒有酵素。**

以植物來說，從種子發芽、果實熟成、樹葉由綠轉紅……一切都是酵素的作用；而人類的呼吸、閉眼也好，講話、聆聽也是，都是酵素的作用。就連吃東西和消化吃下的東西，沒有酵素就無法進行。

創造能量、更新細胞、修復組織、排泄有害毒素（老化及廢棄物質）……

全都必須倚靠酵素的力量。同時，體內全部一百兆個細胞也需要酵素。

沒有酵素，我們什麼都辦不到；沒有酵素，我們甚至活不下去。

說到這裡，大家應該明白酵素究竟有多麼重要了。

酵素真可說是「生命之光」（借用酵素研究始祖艾德華．賀威爾博士說的話）。

儘管酵素名列第九大營養素，和其他營養素最大的不同，就在於它的奧祕與重要性。

酵素有何作用？

爲了讓大家更了解酵素的重要性，以下再舉一個例子。

若用居住的房屋來比喻，三大營養素都是蓋房子的建材。想蓋一棟好房子，就必須從挑選好建材開始。腐朽不堪的建材蓋不出好房子，這就是爲什麼我們的身體需要攝取優質的食材。

然而，即使直接從森林裡搬來樹木，還是無法建蓋房子。必須先把樹木加工爲粗大的柱子或扁平的木板等各式各樣建材，再加以組合，才能建構成房屋。最後蓋出的是好房子或壞房子，端看建材的品質和組合的方式。

酵素可說是解體樹木成爲建材，再將建材組合成房屋的「建築作業員」。建築作業員的業務五花八門，有時要當建築設計師，有時要當木工，有時要砌牆，有時要在地板上貼磁磚，有時還得鋪一間榻榻米和室。另外像是排水等管線設備，也是一棟好房子不可或缺的要素。

房子不是蓋好就好，隨著時間的流逝，蓋好的房子會折舊、損毀，還可能會漏水，或牆壁出現裂縫。萬一發生地震，房屋的梁柱還可能折斷，這種時候就需要修補。修補房子依然需要好的建材與好的木工。對身體來說，這裡的建材包含三大營養素在內的營養素，負責修補的木工則是酵素。

前面曾將酵素比喻為「催化劑」。催化劑是什麼呢？請容我用方糖與火柴來說明。

用火柴在方糖上點火，方糖不會燃燒。但如果在方糖上撒一點「菸灰」再點火，方糖就會冒出熊熊火焰燃燒起來，這裡的菸灰即為催化劑，為方糖和火柴引發「燃燒的化學反應」。

就像這樣，催化劑本身不會變化，卻能夠促使接觸自己的周遭物質產生變化。

若將男女成為夫婦的結婚比喻為化學反應，介紹兩人認識的媒人就相當於酵素。反過來說，酵素具有分解作用，也能擔任離婚時的見證人。有時促進結合，有時促進分解，發揮兩種作用的酵素可是很忙碌的。

酵素被視爲促使人體產生化學反應的催化劑。除此之外，現今人們認爲酵素還有更積極的作用。化學工業中使用的金屬催化劑只能發揮化學力量上的作用，但酵素卻能發揮生物學上的作用。

酵素能改變血型？

在一項學術發表中，證明了酵素擁有不可思議又有趣的力量。原來，酵素竟然連人類的血型都能改變。

二〇〇七年四月，美國麻薩諸塞州的新創企業與丹麥哥本哈根大學等國際研究小組，在科學雜誌《自然生物科技期刊 電子版》上發表「使用新發現的酵素，成功且有效地將A型、B型及AB型紅血球轉換爲O型」的研究成果。

ABO式血型是這樣分類的，若紅血球表面只有A型聚醣則血型爲A型，只有B型聚醣則血型爲B型，兩種都有就是AB型，兩種都沒有則是O型。

研究小組調查了兩千五百種眞菌（包括黴菌等）及細菌，從其中兩種細菌中分別發現可去除紅血球表面A型及B型聚醣的酵素。此外，更透過對酵素立體構造的分析，確定了這兩種酵素去除A型及B型的機制。

在醫療現場，當不確定病患血型時或其他血型的血不夠時，可用少量O

型血為病患輸血。

就這層意義來說，若能實際運用上述酵素改變血型的機制，對醫學界將是一大貢獻。不過，看到這則新聞時，我心裡想的卻是另一件事。

當時我驚訝地思考著，酵素居然連血型都能改變，果然具有不可思議的力量啊！

酵素的成分

那麼，酵素的內容物究竟是什麼呢？

以前曾認為是蛋白質，不過酵素的本質並非蛋白質。酵素確實被由二十一種胺基酸構成的蛋白質圍繞，但那充其量只是「外殼」。在這層蛋白質外殼中，酵素發揮著自己獨特的作用。

生命體中有著以四種鹼基組成的ＤＮＡ（基因），胺基酸也由鹼基的序列構成。由此可見，胺基酸外殼中的酵素也是ＤＮＡ的產物，存在於ＤＮＡ的結構中。

酵素和其他蛋白質不同之處，在於它擁有稱為活化中心的「洞」，這個「洞」裡有著能夠捕捉其他物質，快速引起分解或合成等化學反應的不可思議力量。這種力量的作用，就是前面提到的催化劑作用。

一般來說，熱能愈高，催化劑的作用就愈大，但酵素卻非如此。這是因

DNA 的雙重螺旋構造及酵素

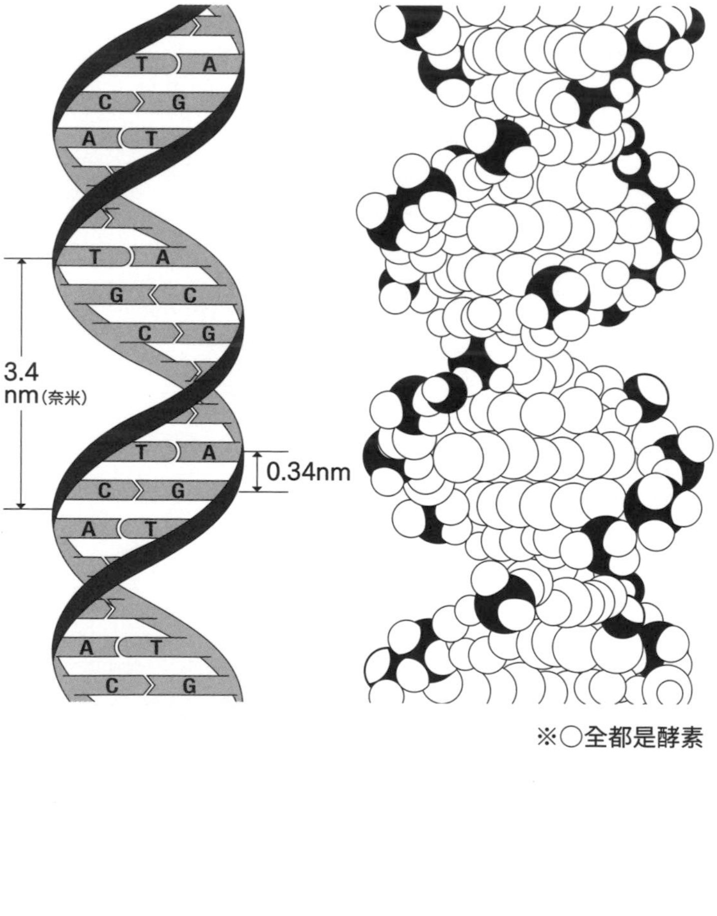

※○全都是酵素

爲酵素是活的。

酵素的活性大約在攝氏四十四度至五十度時最高（最適當的溫度）。此外，人體內的酵素活性則在體溫介於三十八度到四十度之間時最高。生病時發燒到四十度，就是因爲身體爲了提高酵素的活性，使疾病盡快痊癒所做出的反應。

和有「最適當的溫度」一樣，酵素的另一特徵是有「最適當的pH值」。pH指的是氫離子濃度指數，用0到14的數值來表示其跨度。7爲中性，往下爲酸性，往上則分類爲鹼性。

雖說人體最好保持在弱鹼性，胃部等消化器官則多爲酸性。然而，小腸的十二指腸若不處於鹼性環境，則無法分泌消化酵素「胰液」。第四章將詳細說明人體的pH值，酵素受到pH值很大的影響。

如上所述，酵素的活性會因條件的不同而改變，不只是單純的催化劑。若要加以定義，我會說酵素是「包在蛋白質外殼中，具有催化劑作用的生命體」。

酵素的種類

人體內的酵素作用，可大致分爲「消化酵素」和「代謝酵素」兩種。《酵素全書》的作者賀威爾博士，將存在體內的消化酵素與代謝酵素合稱爲「潛在酵素」。

潛在酵素只是一種概念。本書用「體內酵素」來表現體內的潛在酵素。關於體內酵素的作用，主要會在第二章說明。

除了上述兩種酵素，還有一種包含在生鮮食物裡的「食物酵素」。植物與動物等一切有生命的物體內都存在著酵素。透過飲食，從外部攝取的酵素即爲「食物酵素」，又稱爲「體外酵素」。

關於食物酵素的重要性，將在第三章做介紹。

酵素的種類

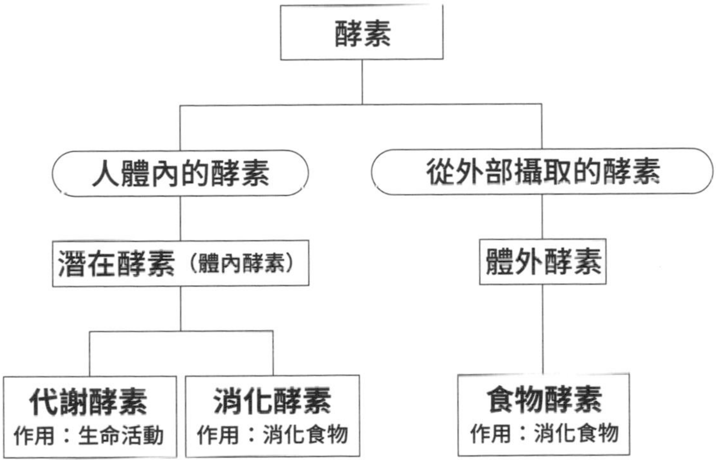
酵素
人體內的酵素
從外部攝取的酵素
潛在酵素（體內酵素）
體外酵素
代謝酵素
作用：生命活動
消化酵素
作用：消化食物
食物酵素
作用：消化食物

一種酵素進行一項工作

酵素的大小，因種類而有各種不同的差異，不過幾乎都在五到二十奈米左右。一奈米爲一百萬分之一公釐，非常非常小，即使用顯微鏡也看不見，可說是肉眼看不見的微型物質。外表像顆球，會頻繁改變形狀，持續不斷地移動、碰撞和變化。

酵素的反應速度非常快，每一微秒（百萬分之一）都在反覆不斷地碰撞。這種運動稱爲「分子之舞」。一個酵素在一分鐘內可合成（或分解）的分子平均數是三千六百萬個。

其中，有些酵素甚至一分鐘內可進行高達四億次的化學反應。人體進行各種代謝活動的肝臟內，每個細胞都含有數百種的酵素，每種酵素每一秒可進行一百萬次上述化學反應。

酵素有幾個特徵。譬如前面提過的「有最適當的溫度」、「有最適當的

酵素與受質

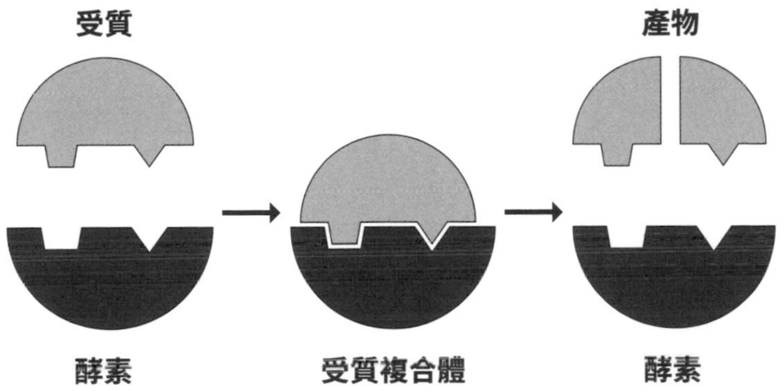

澱粉等受質（鑰匙），進入只有它能嵌合的特定酵素（鎖孔），引發化學反應。

pH值」。此外，「受質特異性」也是酵素的明顯特徵之一，意思是每種不同的受質都對應不同的酵素。

所謂受質，指的就是以酵素爲催化劑產生化學反應時的反應物質。舉例來說，澱粉（碳水化合物）就是消化酵素「澱粉酶」（Amylase）的受質。酵素的英文名稱字尾多爲「-ase」，以催化反應的類型來命名。

澱粉酶能分解澱粉這種受質，但無法分解如蛋白質或脂肪等其他種類的受質。做爲受質的蛋白質或脂肪各有其專門的分解酵素（蛋白酶及脂肪酶）。

人體會根據吃下的食物選擇適合的消化酵素，而且只分泌需要的份量。這種特別的性質稱爲「酵素適應生命法則」。

特定的受質會進入該酵素的活化中心。前面提過，酵素的活化中心就像一個洞，正好可將受質與活化中心想像成鑰匙與鎖孔。

酵素也可以說是活的模具。所有酵素形狀都不一樣，如果不是形狀剛好嵌合的受質，就不會起化學反應。

簡單來說，**一種酵素無法同時引發好幾種不同的化學反應**，**一種酵素通常只能催化出一種化學反應**。一輩子只做一種工作，簡直就像頑固的職人。

酵素的壽命

我們的身體，每天都生產著各種各樣的酵素。

製造酵素的地方就在各自的細胞內。譬如，消化酵素就在消化器官的細胞內製作。細胞核內的 DNA 決定製作何種酵素，並據此形成基因。

多數酵素會先製作成非活性前驅物的形狀，再因應需要活化製造。

舉例來說，「胃蛋白酶原」（Pepsinogen）就是由胃黏膜主細胞分泌的前驅物，當胃爲了溶解食物而分泌大量胃酸，造成胃中 pH 值下降時，胃蛋白酶原就會轉變爲分解蛋白質的酵素「胃蛋白酶」。在胃酸與胃蛋白酶的攜手合作下，將胃裡的蛋白質分解成稀爛。

如同上面的描述，只在需要的時候分泌需要的量，就是前面提到的酵素特徵之一的「酵素適應生命法則」。

人體製造酵素的時間是睡眠中。像電池充電一樣，睡覺的時候，身體會在細胞核內製作酵素。睡眠的重要性已經從各種角度獲得驗證，沒有良好的睡眠，人體就無法生產足夠的酵素，由此也可再次證明睡眠的重要。

前面提過，目前已知的酵素種類超過兩萬種。製造一個人類的細胞，需要用到大約一萬三千種的酵素。

其中，光是蛋白質分解酵素（蛋白酶）就有超過九千種。根據胺基酸種類、比例、排列順序的不同，人體內製造出各種不同的蛋白質，藉以構成我們的身體。除此之外，還能形成荷爾蒙等物質，維持人體的生命。

組織人類骨骼的蛋白質非常重要，正因如此，需要的酵素種類也非常龐大。就像蓋一間房子，要先一根一根準備大量建材，才能將房子建構起來。

各個細胞裡存在著數百到數千種類的酵素。這裡說的還只是種類的數量，實際上體內的酵素總數更是龐大，幾乎可說是無限。不過，即使數量如此龐大，仍非取之不盡、用之不竭。

酵素也有壽命，或者該說「耐用期限」。酵素在與受質嵌合、分離的過程中，「鎖孔」的形狀慢慢潰散，終至無法發揮作用時，就是酵素「死亡」

的時候。

酵素的耐用期限短至幾小時，長的可以維持幾十天。死亡的酵素有的會排出體外，有的會被分解成胺基酸再度爲人體所吸收，成爲製造新的酵素或蛋白質的原料。像這樣一部分一部分的汰舊換新，不間斷地製造出新的酵素。

雖說是不間斷地製造，人體製造酵素的能力還是有其極限。以二十歲爲最高峰，之後隨著年齡的增長遞減，超過四十歲後急速衰退。

只要製造酵素的能力不衰退，我們無論活到幾歲都能保持年輕的肉體。只可惜，這是不可能的事。

年輕時，就算勉強自己消耗太多體力，只要好好睡一覺就能恢復。步入中年之後，不管睡再久還是覺得疲倦，一定很多人都有這樣的經驗吧。這就是因爲體內製造酵素的能力已經衰退，日常生活中過度使用潛在酵素，代謝酵素又無法充分發揮作用的緣故。

酵素只會生成一定的量

這也是酵素的一大特徵。人體雖然每天都在製造酵素，但每個人一輩子卻只能製造一定數量的酵素。

不過，有人從出生起就擁有大量生產酵素的能力，也有人天生注定製造得不多。酵素的生產能力有很大的個體差異。這樣的個體差異，和DNA有著密切關係。不管怎麼說，每個人一輩子能生產的體內酵素總量都是固定的，賀威爾博士稱這個總量爲「潛在酵素」。

剛出生嬰兒體內的酵素，是高齡者的好幾百倍。每個人與生俱來，一生製造出固定數量酵素的生產能力，會在一天天的生命中逐漸衰退，身體因此慢慢老化，最後生病死去。正因如此，我們一定要好好珍惜身體生產酵素的能力。

酵素的品質也會隨著年齡增長而改變。美國芝加哥麥可·里斯醫院

（Michael Reese Hospital）的梅亞博士及其率領團隊研究指出，六十九歲以上的人唾液中的酵素，活性衰退到只有年輕人的三十分之一，證實酵素的力量隨年齡而遞減。

西德（現今德國）艾卡多博士也提出同樣的研究報告。他和研究團隊採集一千兩百人的尿液，調查尿液中的消化酵素「澱粉酶」，發現老人尿液中的澱粉酶活性只有年輕人的一半。隨著年齡增長，人體內的酵素不僅數量逐漸減少，活動力也會變差。由此可知，酵素跟汽車電池、銀行存款或最近人手一支的行動電話很像。行動電話剛買時，可以通話很長一段時間，但是用久之後，無論怎麼充電，通話時間都無法像剛買時持續那麼久了。充電能力慢慢衰退這點，和體內酵素慢慢失去活性的情形十分類似。

以存款來比喻，每次領錢，餘額都會減少。消費愈多，領錢速度愈快，一轉眼餘額就變成零了。沒有收入的人要是揮霍手頭財產吃喝玩樂，很快就會破產，過著悽慘落魄的人生。同樣的，在惡劣的生活環境中浪費酵素，把潛在酵素餘額用光的人，死亡會比原本預定的時期更早來臨。

白髮與酵素的關係

關於人體酵素一輩子只有一定數量這件事，讓我用一個生活中常見的例子來說明吧。剛才已經提過，酵素的潛在數量會隨著年齡增加而逐漸減少，爲了妥善運用剩餘的珍貴酵素，身體會按照重要程度決定使用的順序。因爲**酵素是壽命的關鍵，酵素的活動也會以維持生命爲中心。從必要性來看，很遺憾的，毛髮是第一個被捨棄的地方**。

讓黑色素固定在頭髮上的，是名爲「酪胺酸酶」（Tyrosinase）的酵素。但是，隨著年齡的增加，當潛在酵素漸漸減少時，人體就會降低酪胺酸酶的活動力，把能量轉而用在其他維持生命所需的重要酵素上。這就是白髮形成的原因。

頭髮就算變白也不會危及生命，可是幫助心跳或呼吸的酵素沒了，我們就會死掉。所以，人體會先放棄維持頭髮的顏色。

日語用「浪漫灰」來形容中年男人的花白頭髮，認爲這也是一種魅力。不過，站在酵素營養學的觀點，花白的頭髮只是「被優先捨棄的東西」，和魅力一點關係都沒有。這麼一想，感覺還眞有點落寞。

人類的酵素儲藏量有幾年？

前面用了不少「破產」、「死的時候」、「被捨棄」之類的強烈字眼，接下來說點讓大家安心的話吧。

我認為，人體「儲存的酵素」總量，大約可以用到一百五十歲。換句話說，一個人能夠生產的潛在酵素足夠一輩子使用。當然，前提必須是在沒有揮霍、浪費的情況下。

不過接下來還是得說點難聽話。現代人對酵素實在太揮霍無度了，幾乎所有人都不知節制地浪費著酵素。

第五章會對此再詳細說明。舉例來說，吃速食、燒肉、拉麵等加熱烹調的食物，半夜吃東西，吃零食點心、抽菸或大量飲酒……這些不良的飲食、生活習慣，都會導致酵素的缺乏。

再加上現代人面臨環境與身心壓力過大的狀況，就算有再多消化酵素和代謝酵素也不夠用。把潛在酵素的「存款」花光，才四、五十歲就已失去健康，無法過上幸福人生，這樣的人或許不在少數。

健康，還是要靠自己努力爭取才能擁有。

輔助酵素的維生素和礦物質

在蛋白質等三大營養素之後，維生素、礦物質也被列入營養素行列，成爲五大營養素，由此可知維生素與礦物質的重要。但若沒有酵素，維生素和礦物質在體內其實無法發揮作用，這兩種營養素充其量只能說是讓酵素表現更爲活躍的潤滑劑。

「輔因子」（輔助酵素發揮作用的因子）分爲「輔酶」以及「輔助因子」（輔基）。

輔酶就是維生素。輔酶的英文是coenzyme，正如字面所示，扮演著輔助酵素（酵素＝酶＝enzyme）的角色。因有美容、美肌、重返青春等效果，曾經掀起一陣風潮的類維生素物質Q10，就是一種輔酶。

礦物質則是輔基。以前曾將礦物質與維生素一樣視爲輔酶，現在已正名爲輔基。

輔助酵素發揮作用的輔因子

輔因子
- 輔酶（coenzyme）…維生素
- 輔助因子（輔基）…礦物質

酵素與輔因子的關係

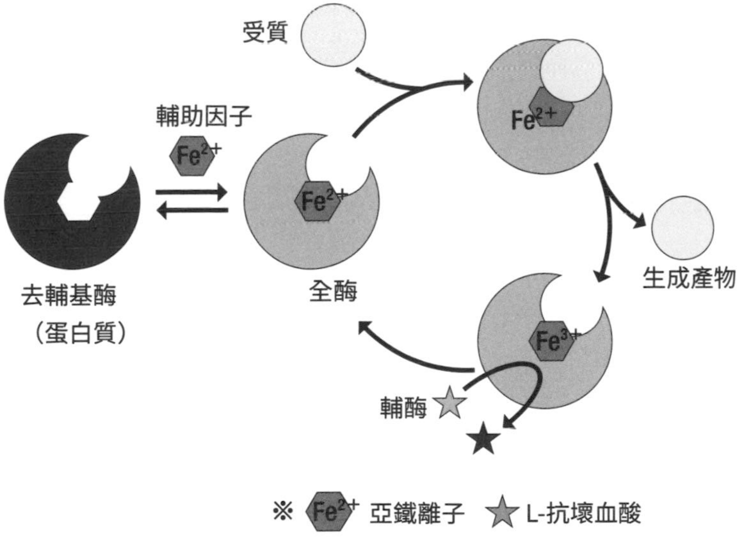

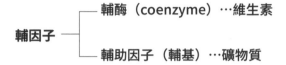

雖說酵素由蛋白質構成，其種類又分成完全只以蛋白質構成的「單純酵素」、與輔基（非蛋白質的部分）複合而成的「複合酵素」兩種。

澱粉酶、蛋白酶、脂肪酶等消化酵素屬於單純酵素。不過，大部分的酵素仍屬於複合酵素。複合酵素由蛋白質部分的「去輔基酶」（主酵素）和非蛋白質部分的「輔酶」及「輔基」結合而成。結合後的酵素稱爲「完全酵素」（全酶），若沒有維生素或礦物質，就無法催化酵素的活性。

維生素中的水溶性維生素，尤其是維生素B群，做爲與體內代謝息息相關的輔酶構成原料，具有重要的生理機能。維生素B_1是促進碳水代謝的輔酶，維生素B_6發揮著胺基酸及蛋白質的輔酶作用，維生素B_3則發揮氧化及還原等去氫酶的作用。

倚靠礦物質催化活性的酵素稱爲「金屬酵素」（金屬酶 metalloenzyme）。大多數的金屬酵素都肩負著維持生命現象的重責大任。以下介紹其中較知名的幾種——

DNA掌控所有細胞分裂、成長及能量的生產，生命從誕生到老化、死亡爲止，都受到DNA的支配。合成DNA的酵素稱爲「聚合酶」，礦物質之一的鋅，正是聚合酶的輔基。

銅是超氧化物歧化酶（SOD）的輔基，也是能消除宿醉、有解酒酵素之稱的乙醛去氫酶的輔基。

硒是同樣有去除活氧作用的酵素——麩胱甘肽過氧化物酶的輔基。

錳是與細胞內粒線體能量代謝相關的丙酮酸羧化酶的輔基。

ATP酶這種酵素能分解生物體內有「能量貨幣」之稱的ATP（三磷酸腺苷），將其轉換爲能量。鎂便是ATP酶的輔因子，在調節身體代謝上扮演著重要角色。

由上述說明可知，儘管維生素與礦物質的重要性早已受到廣泛認知，卻只是酵素的輔因子。換句話說，維生素與礦物質只能說是酵素的「小弟」。然而，身爲「老大哥」的酵素只名列第九大營養素，望「小弟」之後塵而莫及。這都是因爲酵素研究發展得太慢，才會導致這種地位逆轉的現象。

因諾貝爾獎被誤解的酵素營養學

接下來，簡單介紹酵素是如何發現的。

最初發現的酵素是澱粉酶。一八三三年，法國生物化學家安賽姆・佩恩（Anselme Payen）和尚・佩魯索（Jean-François Persoz）從麥芽萃取液與澱粉的化學作用中，發現了能夠分解澱粉的物質，並將其命名為澱粉酵素（Diastase）。這裡的Diastase，和消化酵素澱粉酶Amylase是一樣的東西。

一八三六年，德國的許旺（Theodor Schwann）教授發表研究報告，指出胃液中存在能將肉類溶解的物質，這種物質遇熱即失效，且必須在強酸狀態下才能發揮作用。此一物質正是蛋白質分解酵素蛋白酶中的胃蛋白酶。從此之後，各種酵素陸續被發現並爲人所熟悉。

人們慢慢了解，酵素只需要少量就能對多種物質發揮作用，在水中反應呈現活性化，最適當的pH值是中性（不過胃蛋白酶在強酸性中才會呈現活性化）……等等。

順帶一提，「酵素」這個名稱始於十九世紀後半。酵素的英文 Enzyme，在希臘文中的意思是「酵母內的東西」，於一八七八年由德國生理學家威廉・屈內（Wilhelm Friedrich Kühne）所命名。酵母指的是將醣類發酵後製造出酒精的微生物。

美國康乃爾大學的詹姆斯・薩姆納（James Sumner）教授與洛克菲勒研究所的約翰・諾思羅普（John Northrop）博士，認定酵素的主體為蛋白質。兩人成功以結晶方式提取能催化尿素水解的消化酵素脲酶，蛋白質分解酵素胃蛋白酶，以及胰臟製造的胰蛋白酶、胰凝乳蛋白酶等蛋白質分解酵素。

兩人也因此一成就獲得一九四六年度的諾貝爾獎化學獎。同時，由於提取出的結晶皆爲蛋白質，他們便認定酵素本身也是蛋白質。沒想到這樣的錯誤，大大推遲了酵素營養學的進步。

的確，所有酵素都含有蛋白質，但是酵素本身生命力發揮的作用和構成酵素的蛋白質無關。酵素內含的蛋白質，只是爲了將酵素運送往體內需要酵素的地方時，所使用的「交通工具」。

就跟膽固醇由低密度脂蛋白（ＬＤＬ）或高密度脂蛋白（ＨＤＬ）在血液中運輸是一樣的道理。

附帶一提，低密度脂蛋白的工作是將肝臟膽固醇運輸到身體各角落。不過，當肝臟膽固醇增加太多時，就會引起動脈硬化，所以這種膽固醇又被稱為壞膽固醇。

另外，高密度脂蛋白的工作是將全身的膽固醇運輸到肝臟，能夠清除附著在血管壁的膽固醇，具有防止動脈硬化的效果，因此被稱為好膽固醇。

然而，無論是壞膽固醇或好膽固醇，都是人體必須要有的東西。只因增加過剩才會為身體帶來弊害。

回到酵素的話題。有了諾貝爾獎頭銜的加持，薩姆納教授等人發表的「酵素是蛋白質」看法深受信賴，從而產生「只要攝取蛋白質就等於攝取酵素」的一大誤會。

基於這樣的誤會，導致酵素甚至連六大營養素都排不上。

酵素研究爲何落後五十年？

另有一個錯誤的學說，也造成了酵素營養學研究的遲緩。

那就是俄羅斯聖彼得堡大學巴布金教授於一九〇四年發表，認爲人體「無論吃什麼，消化時都會同時分泌澱粉酶、蛋白酶和脂肪酶」的「酵素並行分泌理論」。不只如此，他還在一九三五年發表「無論人類或其他動物，這三種消化酵素都是由胰臟裡的分泌腺以相同濃度分泌」。這個理論最誇張的地方，在於認爲無論消耗多少酵素，身體永遠都能再製造新的出來補充。而後來的研究中，很多科學家和醫生都證明巴布金教授的理論有誤。

然而，受薩姆納教授等人「酵素本體爲蛋白質」及巴布金教授「酵素可無限製造」的錯誤理論影響，正確的酵素研究因而「遲來了五十年」（賀威爾博士）。

事實上，**身體會配合吃下的食物種類選擇適合的酵素。若攝取的是碳水**

化合物，身體就會分泌澱粉酶，攝取蛋白質分泌蛋白酶，攝取脂質則分泌脂肪酶。這些酵素只在需要的時候適當分泌，而且只分泌需要的份量，這就是「酵素適應生命法則」，也是酵素的正確解答。

即使如此，酵素仍有許多未解之謎。目前只知道酵素是「外覆一層蛋白質的有生命物質」，但那生命力從何而來，至今仍是個謎。

不過可以肯定的是，**酵素所擁有的力量，絕對是維持生命及健康不可或缺的東西。**

酵素是人體內進行消化與代謝時的主角。前面也說過，每種酵素的催化劑作用只會引起一種化學反應。而現在，人體中光是已經發現的酵素，就已有超過兩萬種。人體內需要進行幾種代謝作用，就存在著幾種酵素。

想必今後將研究、發現更多的酵素，其數量也必將不斷增加。一九三〇年，人們只認識八十種左右的代謝酵素；到了一九六八年，總算增加到一千三百種。而就在不久之前，我們已經發現多達三千種不同的代謝酵素了。

酵素至今仍是未知的研究領域，充滿許多未解之謎。

第2章

人體中的
酵素運作

消化酵素與代謝酵素

第一章內容提及體內製造的酵素可大致分爲「消化酵素」和「代謝酵素」。消化酵素一如字面所言，是用來消化攝取至體內的食物。至於其他非消化酵素者，全都屬於代謝酵素。代謝酵素的作用前面也提過，是用來催化「異化或同化等維持生命之有機體所進行的一連串化學反應」。

這兩種酵素合稱爲「潛在酵素」。前面也說明，人體一輩子能生產的潛在酵素總量是固定的。

人體會將固定的酵素總量分配給消化和代謝使用，兩者都是生命活動不可或缺的工作，最重要的是兩種酵素的比例。由於總量固定，一種用多了，另一種能用的就少了。分配的重點在於「**消化酵素占的比例要小，才能維持健康狀態**」。

人體一天中製造的酵素總量也是固定的，以下我將用存款的比喻來說明。

消化酵素與代謝酵素的比例

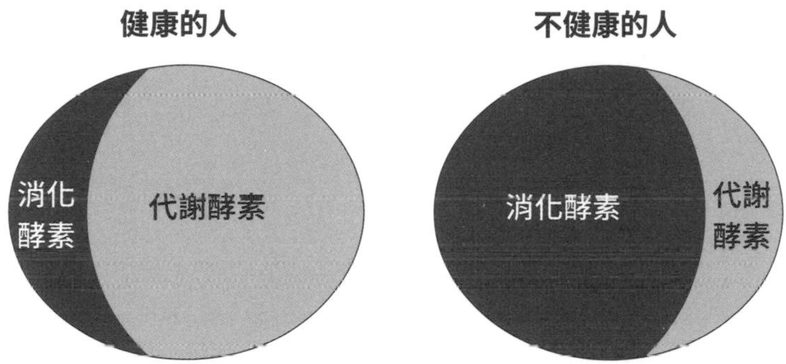

人體每天生產固定數量的潛在酵素（體內酵素），潛在酵素再區分為消化酵素和代謝酵素。攝取比較多酵素的飲食生活（左），身體更能順利進行消化工作，保留更多代謝酵素。

整體來說，人體內約有兩萬種酵素。其中，消化酵素只有二十四種。由於消化酵素是用這麼少的種類來與代謝酵素競爭總量，因此消化酵素可比喻爲五千圓或一萬圓等面額較大的鈔票。

代謝酵素則是十圓、一百圓等小額零錢。只是，這些零錢各自都有自己才能做的工作，對身體來說也全都是不可或缺的存在。身體的健康必須靠這些代謝酵素來維持，酵素的價值和我用來比喻的面額非成正比。

問題是，如果在消化這部分

花掉好幾張面額大的鈔票，一天的餘額就所剩不多了。這麼一來，這天其他非做不可的事，像是掃地、洗衣、修繕等瑣碎的工作將無暇進行。

換句話說，代謝酵素原本應該要發揮的功效就被剝奪了。

不管吃進什麼食物，都要靠消化酵素

對我們而言非常重要的三大營養素，從吃進口中到抵達胃或小腸爲止，會在各自不同的位置進行不同的消化活動，將食物加以分解、消化。二十四種消化酵素之中，爲三大營養素發揮消化功效，最具代表性的酵素就是消化碳水化合物的澱粉酶、消化蛋白質的蛋白酶，以及消化脂質的脂肪酶。這三種只是各自的總稱，在體內發揮作用的消化酵素群還包括其他許多酵素。

以下簡要說明消化的流程。我們一將食物吃進嘴裡，就會使用唾液分泌的一種消化酵素「唾液澱粉酶」（Ptyalin），開始消化食物中含有的碳水化合物。咀嚼愈多下，會分泌愈多這種酵素。這就是爲何細嚼慢嚥如此重要。

食物被分解爲能夠通過食道的大小後，往下到達胃，以胃酸和名爲胃蛋白酶的酵素消化蛋白質。食物在這裡被分解爲細碎混合狀態的「食糜」，朝小腸前進。

消化酵素的種類

器官	酵素	功效
唾液腺	唾液澱粉酶（α-澱粉酶）	將碳水化合物大致分解
下層胃	胃蛋白酶原（遇到強酸便成為胃蛋白酶）	將蛋白質大致分解
小腸	丙胺酸胺肽酶	將蛋白質分解為多胜肽（10～100個胺基酸結合而成的東西）
	二肽酶	將蛋白質分解為二胜肽（2個胺基酸結合而成的東西）
	乳糖酶	將乳糖分解為葡萄糖和半乳糖
	磷酸酶	軟化脂肪中的磷酸鹽
	麥芽糖酶	將麥芽糖分解為葡萄糖
	蔗糖酶	將蔗糖分解為葡萄糖和果糖
胰臟	胰蛋白酶	將多肽分解為胺基酸
	胰凝乳蛋白酶	將多肽分解為胺基酸
	澱粉酶	將澱粉分解為葡萄糖
	脂肪酶	將中性脂肪分解為脂肪酸

小腸內，在胰臟分泌的蛋白質分解酵素胰蛋白酶及胰凝乳蛋白酶、澱粉分解酵素澱粉酶，以及脂肪分解酵素脂肪酶的作用下，幾乎所有食物都被分解、轉換爲分子等級的營養素，由小腸的細微孔洞（吸收營養的細胞）將養分吸收至體內。

消化得差不多的食物，之後會移動到大腸，在這裡進行水分及電解質的吸收，再將剩餘的渣滓排泄。以上就是消化的流程。

簡言之，無論吃下營養價值多高的食物，醣類都必須分解爲單醣類，蛋白質必須分解爲二胜肽或胺基酸，脂質必須分解爲甘油與脂肪酸，才有辦法被吸收進體內，否則無法爲身體帶來養分。

有了消化酵素的努力工作，我們才能獲得適當且正確的營養，擁有健康的身體。

接著，介紹一下消化酵素的消化能力吧。

分泌至小腸內的胰蛋白酶等，一小時約可消化三百公克的蛋白質，胰液及腸液裡的脂肪酶一小時可消化一百七十五公克的脂質，胰澱粉酶及腸液裡的蔗

食物在體內的滯留時間

口（咀嚼）	約 1 分鐘
經過食道	10 秒
胃（消化）	3～5 小時
從胃的幽門括約肌離開	1～5 分鐘
小腸（消化、吸收）	4～5 小時
結腸根部	6～7 小時
橫結腸	9～10 小時
結腸末端	12～24 小時

糖酶、麥芽糖酶等，一天可消化三百公克的碳水化合物。

人體補給營養，以三大營養素為中心，而體內無法合成的九種胺基酸、十三種維生素和十九種礦物質也是不可或缺。

因此，在日常飲食生活中攝取這些營養素就成為很重要的事了。

只吃草的牛爲何能長肌肉？

再從不同層面來看看消化酵素的力量吧。人類吃穀類、肉類、魚肉等食物，從中吸收醣類、蛋白質和脂質，這些營養化爲進行生命活動的能量，構成支撐身體的骨骼與肌肉。

相較之下，牛只吃草，爲何能長出一身強韌的肌肉呢（一隻牛體重約有六百到七百公斤）？答案就在於牛胃中的微生物及酵素。大家都知道牛有四個胃，吃下肚的草還能吐回口中咀嚼，這就是反芻。

牛吃下的草會先送往第一個胃「瘤胃」，這個胃裡住了非常多的細菌（瘤胃菌）及原蟲（原生動物）等微生物，能將難以消化的草（膳食纖維、纖維素）分解成各式各樣的物質。

草本身擁有的酵素進行的「預消化」（第三章會再詳細敘述）、瘤胃菌和原蟲持有的酵素（纖維素酶），加上將食物咬碎的咀嚼力量，就是這三位一體使牛得以消化粗硬的草纖維。

牛還讓草的纖維素（碳水化合物的一種，也是植物細胞及纖維的主要成分）在三個胃袋中來來去去，使其發酵，吸收過程中產生的能量。

草中的蛋白質在第一個胃裡分解。胃中的微生物吸收分解後的蛋白質，在自己體內合成新的蛋白質。微生物合成的蛋白質營養價值遠比草本身的蛋白質還要高。

微生物還會利用草的氮化合物製造品質優良的蛋白質，這些蛋白質送往牛的第四個胃（作用相當於人類的胃），到了這裡才開始分泌胃液和酵素，消化原蟲及菌體。

之後，分解出的蛋白質送往小腸，透過這裡分泌的消化液將養分消化吸收。當然，草本身的蛋白質也在這時一併吸收了。

分解膳食纖維的消化酵素「纖維素酶」是人類不具備的酵素，所以人類就算吃草也無法像牛一樣長出肌肉，只會消化不良或拉肚子而已。而牛和人類一樣，本身無法製造纖維素酶，靠的是體內的細菌及原蟲等微生物來製造這種酵素，才得以消化吃下肚的草。

對牛體內的微生物來說，牛吃下的草也等於是牠們的食物。要是沒有牛為牠們吃草，微生物本身是活不下去的。所以，牛和胃內的微生物可說達成了共存共榮的關係。

如上所述，牛只吃草卻能長出一身肌肉的原因，就在於這些微生物。根據最近的研究，牛在第一個胃裡進行消化活動、製造出的產物中，隱含著與人類健康有關的一大祕密。關於這點，將在第四章詳細說明。

獅子只吃肉，如何補充維生素C？

再多說明一點酵素不可思議的力量吧。

維生素C（又稱抗壞血酸）與生物體內各種物質代謝有關，其中最重要的生理作用就是膠原蛋白的合成。維生素C也可抑制過氧化脂質的產生，延緩肌肉、血管、皮膚、骨骼的老化，是維持人體正常機能不可或缺的營養素。

維生素C不足是導致血管變弱的原因，容易因此受感染，對生命的維持造成一大阻礙。因此，對體內無法自行生產維生素C的人類來說，必須隨時從水果和蔬菜中補充才行。

那麼，像老虎或獅子這類不吃蔬菜、水果，只吃肉的動物，又是怎麼補充維生素C的呢？

答案很簡單，因爲牠們不需要從體外補充維生素C，自身體內就能合成。這些動物將葡萄糖或半乳糖（乳糖的成分）以生物合成的方式合成爲維生素

C。這時仰賴的也是酵素的力量。

維生素C由碳原子構成，要將碳原子與碳原子連結起來需要四種酵素。肉食動物體內完整擁有這四種酵素，因此可自行合成維生素C。

但是，人體內缺乏合成維生素C時最終階段所需的L-古洛糖酸-γ-內酯氧化酶。因為缺乏這種酵素，人類和猴子若不從體外補充，就會陷入慢性、潛在的維生素C缺乏症。

過度浪費「消化酵素」引發的危機

本章開頭也曾提過，過度消耗消化酵素，將導致代謝酵素的缺乏。當人體缺乏太多代謝酵素，就會產生疾病。

我們每次吃下食物，都會分泌相當多混在唾液、胃液、胰液、腸液內的消化酵素。浪費體內酵素如何有損健康，對生命造成不良影響，以下這個實驗就是很好的說明。

這是華盛頓大學外科醫師群進行的實驗，實驗內容是在幾隻狗身上裝上引流管，讓犬隻的胰液流出體外。

結果顯示，即使和平常餵食一樣的食物，失去胰液的狗全都會在一星期內死亡。同樣的實驗也在老鼠身上進行，沒有一隻實驗鼠能活超過七天。

胰液是胰臟內製造，小腸及十二指腸分泌的消化液，含有三大營養素都能分解的多種消化酵素，在哺乳類的消化、吸收上扮演核心角色。失去胰液的動物體內將無法順利進行消化和吸收。

相較之下，膽汁能乳化脂肪，使其轉化爲更容易消化吸收的型態，和胰液同樣都是十二指腸分泌的消化液。但透過實驗也發現，無論流失多少膽汁都不會危急動物的生命。這個實驗結果代表什麼呢？

答案依舊與酵素有關。膽汁內不含酵素，因此無論流失多少膽汁，人體的潛在酵素也不會減少。

人體在大腸遇到急性障礙時，若發生劇烈腹瀉和嘔吐，而且症狀持續三到四天，就有可能死亡。這是因爲體內水分與電解質減少，體液失去平衡，導致脫水症狀。另一個可能的原因，則是胰液中含有的酵素因腹瀉和嘔吐而大量流失的緣故。

耗損酵素的飲食生活

可怕的是，日本人現今的飲食生活，和失去胰液的實驗犬隻有共通之處。速食、調理包等加工食品、含有大量砂糖的食品，以及食品中的添加物，這些東西正相當於實驗中的引流管。

不僅如此，現代人飲食還充滿除了砂糖之外的高ＧＩ食品（Glycemic Index，升糖指數）、高蛋白食品、殘餘農藥、反式脂肪酸（第五章會再詳述）等壞油脂，以及經過加熱烹調的無酵素食品。

大量攝取上述食物的飲食生活稱不上自然飲食，反而消耗了大量的酵素。

舉例來說，分泌眾多消化酵素的胰臟一出現異常，身體就會動員全身組織及細胞內的酵素，在需要時變成所需的消化酵素並拚命地分泌。

這雖然符合酵素適應生命法則，卻在不良的飲食生活情況下，體內酵素將不斷被動員爲消化酵素而揮霍。如此一來，酵素的存量急速降低，潛在酵素也跟著明顯減少，導致本該用來代謝或解毒的酵素嚴重不足。

太常吃上面提到的壞食物，會讓身體製造不出足夠的代謝酵素，進而有損健康，成爲罹患疾病的一大原因。身體也會加速衰老，縮短壽命。

主要食品的 GI 值

高 GI食品（71～）	110	細砂糖、冰糖
	108	三溫糖、糖果、黑砂糖
	95	紅豆麵包、銅鑼燒、法國麵包、麥芽糖、吐司、馬鈴薯、仙貝
	88	蜂蜜、大福麻糬、米粉
	85	烏龍麵、年糕、白米
	82	蛋糕、印度烤餅、糯米、鬆餅、甜甜圈、巧克力、紅蘿蔔、楓糖漿
	71	通心粉、中華麵條
中 GI食品（61～ 70）	70	麵包粉、玉米
	65	長崎蛋糕、麵線、可頌、冰淇淋、鳳梨、義大利麵、山藥、南瓜
	64	小芋頭
低 GI食品（～ 60）	60	栗子、蕎麥、五分米、黑麥麵包
	56	糙米
	55	五穀米、番薯、牛蒡
	32	冬粉
	30	堅果杏仁
	28	花生
	18	核桃、開心果

生存活動全靠「代謝酵素」

繼消化酵素之後，接著來介紹代謝酵素的作用。

從小腸吸收的養分，透過血液輸送至全身，成爲司掌各個臟器和骨骼的能量來源。人體將這些能量用來呼吸、思考、交談，進行日常活動。這些能量也讓我們擁有自我免疫能力和自然治癒能力，以「細胞分裂」的形式不斷汰換老舊細胞，換上新生細胞。

這個過程就叫「新陳代謝」，人的一生都在不間斷地進行著新陳代謝。人體內一天產生一兆到兩兆個新細胞，同時也有幾乎相同數量的細胞死滅。和這一切有著密切關係、發揮強大力量的，就是名爲代謝酵素的「作業員」。

代謝酵素存在於各個細胞及組織中。動脈內甚至有將近一百種的酵素，每種酵素都有自己獨特的作用。心臟、大腦、肺臟、腎臟等，所有臟器中都有酵素，其數量超過一千種。這還只是「種類」的數量喔，實際上的酵素數量幾近無數，不可測量。

這些不同的酵素群持續進行超過一百萬種的化學反應，在體內各自負責的部位扛起重要任務，像是產生能量、解毒、細胞再生、修復基因……等。酵素的工作，正可說是生命活動本身。

沒有酵素，能量回路就無法運作

代謝酵素的工作量龐大，以下只介紹其中一小部分。

人類沒有能量就活不下去，一起看看酵素在製造能量的過程中扮演什麼角色吧。

首先，透過飲食攝取的三大營養素，會在小腸中轉換爲單一物質。蛋白質分解爲胺基酸，碳水化合物分解爲葡萄糖，脂質分解爲脂肪酸，之後才能被人體吸收。

一部分的葡萄糖以肝糖的形式儲存在肝臟，再因應需要成爲血糖（葡萄糖），從肝臟裡釋放到血液中，隨血液輸送至全身細胞。血糖是生命能量的原料，要將血糖轉變爲能量，又需要大量的酵素。

比方說，在肝臟內合成肝糖時，就需要用到包括糖原合成酶在內的五種酵素，合成後的肝糖轉變爲血糖釋放到血液時，又需要肝糖磷解酶等三種酵素。

此外，送往全身的血糖，直至在各個細胞內的檸檬酸循環中代謝爲能量來源ATP（三磷酸腺苷）爲止，光是與這個過程直接相關的酵素就多達幾十種。每一種都獨一無二，只要欠缺其中任何一種，都會產生重大的功能障礙。

酵素是最主要的抗氧化物

活性氧是對人類健康造成威脅的大敵。人類只要活著，全身細胞都會產生活性氧，帶來超過兩百種壞處。

在前面提到的檸檬酸循環中產生能量時，藉由呼吸所得到的氧氣也會燃燒。可是，燃燒氧氣產生的廢氣「超氧化物」，就是活性氧的一種。

除了超氧化物之外，活性氧依產生的順序還有過氧化氫、羥基自由基，以及暴露在紫外線下產生的單線態氧。

以上所提這四種是最具代表性的活性氧，會做出從其他分子身上強行奪走電子的壞事。

分子被活性氧奪走電子就是「氧化」。氧化會造成身體老化，也是各種疾病的成因，這已是眾所周知的事。

現代人生活中充滿各種活性氧發生的要素。不光只有轉化能量時產生的活性氧，當人體攝取到防腐劑等食品添加物，會分泌具有解毒作用的酵素來解除添加物的毒素，這時也會產生活性氧。

此外，壓力也是活性氧產生的原因。人在承受壓力時，身體會分泌皮質類固醇來抵抗壓力的刺激；無論是合成皮質類固醇或分解皮質類固醇，都會產生活性氧。

其他諸如水源污染、空氣污染、農藥、殺蟲劑、各種發出電磁波的電器產品、吸菸、飲酒過量……都會造成活性氧的產生。現代社會眞可說是生產活性氧的一座大工廠！置身在二十一世紀的我們該如何與活性氧共處，已然成爲現代人的一大課題。

回到酵素的主題——能夠去除活性氧、守護身體的東西叫抗氧化物，而最大的抗氧化物，其實也是酵素。

SOD（超氧化物歧化酶）這種酵素能夠消除最初發生的活性氧（超氧化物），對接著發生的活性氧（過氧化氫）發動攻擊的，則是麩胱甘肽過氧化物酶這種酵素。

就像這樣，無論是能量的產生過程，還是處理過程中發生的副產物活性氧，都需要仰賴酵素來處理。

日本人不擅飲酒的原因

一般人聽聞的，大概就是與消除宿醉有關的酵素吧。喝酒後，酒精從胃和小腸上段吸收，再運往肝臟。在這個過程中，酵素分成兩個階段發揮作用。

使人喝醉的，是一種叫乙醛的物質。攝取酒精後，肝臟內的ＡＤＨ（酒精脫氫酶）會先把酒精分解為乙醛和氫，這是第一階段。

接下來，這使人喝醉的乙醛會在名為乙醛脫氫酶（ＡＬＤＨ）的酵素作用下，轉變為無害的醋酸和氫，釋放到血液中。最後再變成二氧化碳和水，排出體外。

乙醛毒性非常強，能引起頭痛、嘔吐等症狀。宿醉的原因就在於上述第二階段沒有充分分解乙醛，體內仍有乙醛殘留的緣故。

然而，「乙醛脫氫酶」酵素的能力有其極限。儘管每個人狀況不同，大致上來說，體重六十公斤的人一小時平均只能分解七公克左右的乙醛。

這個份量相當於日本酒三十二毫升，若是啤酒則約三分之一大瓶。一次如果喝下八百毫升的日本酒，就得花上二十五小時才能完全分解，相當於乙醛脫氫酶必須持續分解工作超過一整天。

乙醛脫氫酶這種酵素，在日本人身上本來就比較少。據說大約有百分之五的日本人天生體質不能喝酒。

與歐美人相較，尤其是把酒精濃度高的伏特加當開水喝的俄羅斯等北方民族，他們天生體內就具備比較多的乙醛脫氫酶。

順帶一提，消化牛奶等乳製品的消化酵素「乳糖酶」，也是日本人較少具備的酵素，大約有百分之七十的日本人體內乳糖酶不足。很多人一喝牛奶就拉肚子，原因就在這裡。

由此可見，人種與體質也大大左右著酵素的功效。

體內若是沒有分解酵素的話，會怎樣呢？以狗爲例，各位可能也聽說過「狗不能吃蔥」的說法。事實上，經常有狗吃了蔥差點死掉，甚至眞的喪命。

原因在於百合科蔬菜（蔥、洋蔥、蕗蕎、大蒜、紅蔥頭等）內含一種叫烯丙基丙基二硫醚的成分，而狗的體內不具備分解這種成分的酵素。

人體對烯丙基丙基二硫醚具備發達的解毒機能，所以人類吃這類食物一點事也沒有。但是對狗來說，烯丙基丙基二硫醚是破壞紅血球的溶血毒素，會引起腹瀉和嘔吐等中毒症狀。

面對同樣的物質，是否具備能夠對應的酵素，將帶來截然不同的後果。

暴飲暴食也沒事的關鍵何在？

即使是酒量不好的日本人，只要加以訓練，酒量也能變好。確實也聽過有人勉強自己喝酒，喝著喝著就提高了肝臟解酒的能力，變成能夠喝酒的體質。

這是因爲在處理酒精的第一階段，喝下超過ＡＬＤＨ能處理的酒精後，一種叫細胞色素Ｐ４５０（ＣＹＰ）、專門解毒的酵素群就會發揮作用，過來幫忙分解酒精。喝酒的次數一增多，這些酵素群也會慢慢增加。

說來有點可怕，聽說常喝酒的人動手術時麻醉可能無效。因爲平日的喝酒習慣讓體內的細胞色素Ｐ４５０增加太多，把麻醉藥也當作毒素分解掉了。

在此想提一提人體內的解毒要角——肝臟。幾乎所有物質都能代謝的肝臟，是人體內最大的化學工廠，這間工廠最重要的工作之一，就是解毒。

肝臟解毒分成第一和第二階段。第一階段使用五十到一百種酵素，這一大群酵素就是前面提到的細胞色素Ｐ４５０酵素群，它們是專門代謝藥物的酵素。有了這些藥物代謝酵素的努力工作，侵入體內的有害物質或體內產生的無用物質，都會在細胞內名爲內質網的地方進行氧化、還原及水解。

等有害物質成爲能溶於水的物質後，再經由尿液及膽汁等排出體外。大部分的食品添加物及藥物，細胞色素Ｐ４５０都能分解處理。

每個人的細胞色素Ｐ４５０數量不同，擁有大量細胞色素Ｐ４５０的人就能過上非常健康的生活。

大家身邊應該都有一、兩個這樣的人吧？明明過得極度不養生，身體卻還是很強壯，令人感到不可思議；這樣的人即使暴飲暴食，生活過得亂七八糟，依然不容易生病。

這或許是與生俱來的天賦，也可能是拜母親懷孕時吃很多生菜水果等生機飲食，過著以酵素爲主的飲食生活所賜。

健康檢查報告上的γ-ＧＴＰ也是酵素！

細胞色素Ｐ４５０原本似乎是與脂質代謝有關的酵素。

只是，隨著飲食生活日趨文明，人類開始將自然界原本沒有的人工物質攝取入體內，細胞色素Ｐ４５０對這些物質起了反應，便發揮將有害物質分解爲無害物質的作用。

照理說，根據酵素適應生命法則，每一種酵素應該只做自己被賦予的工作就好，可是細胞色素Ｐ４５０卻接下了與原本使命不同的任務。這一方面雖可歸功於人類出色的適應力，從另一個角度看，卻也是一種異常事態。

大概是因此而出現的負面效應吧，細胞色素Ｐ４５０的化學反應有時竟會將氫氧化毒素變成活性更高的化學物質，這時多半是變成更有害（致癌性更強）的毒物。這或許是上天的啓示，旨在警告人類脫離自然法則會帶來怎樣巨大的風險。

言歸正傳，繼續說明肝臟的解毒機制——如果出現了第一階段沒有中和掉的毒物，進入第二階段後，這些毒物就會與硫酸鹽、乙醯基、甲基、葡萄糖醛酸、胺基酸的其中一種結合，轉化爲可溶於水的狀態，透過腎臟排出體外。

這個過程稱爲抱合反應（包覆起其他物質的意思）。例如麩胱甘肽抱合、硫酸抱合、葡萄糖醛酸抱合、乙醯抱合、胺基酸抱合等等。進行抱合反應時，也會有專職抱合的酵素發揮作用。

肝臟還有另一個解毒武器。面對侵入體內的病毒或細菌等，某種程度來說較大的異物時，就會派出吞噬細胞系統的庫佛氏細胞來處理。不過，無論是庫佛氏細胞擊退細菌，還是先前提到肝細胞進行解毒時，都會產生活性氧。

負責處理活性氧的是名爲麩胱甘肽的抗氧化物質。催化麩胱甘肽活性的，則是叫做麩胱甘肽過氧化物酶的代謝酵素。就像這樣，人體內所有化學反應都和酵素脫離不了關係。

處理愈多毒物就產生愈多活性氧。爲了再處理這些活性氧，又要使用大量酵素。肝臟向來有「沉默的內臟」之稱，和其他臟器比起來耐操耐用，總是默默忍耐沉重的勞動負荷。即使如此，肝臟的功能依然有其極限。

對肝臟來說，盡力排除毒物是最重要的事。我們必須將這一點銘記在「肝」才行呢！

此外，做健康檢查時，顯示肝功能數值的AST（GOT）、ALT（GPT）、γ-GTP等項目，其實都是酵素的名稱。

AST及ALT是肝或腎臟內將蛋白質分解爲胺基酸的酵素。當肝細胞損壞或細胞膜滲透性增加時，這些酵素就會釋入血液中。這麼一來，AST、ALT的數值就會上升。

γ-GTP是與肝臟、腎臟、胰臟中的解毒作用有關的酵素。當肝臟或膽管細胞死亡時，這種酵素就會釋入血液中。

用數值顯示這些流入血液的酵素分量，即可用來判斷器官受損的程度。

沙林毒氣如何危害酵素運作？

代謝酵素的作用多不勝數。調整血壓就是其中之一，思考也是酵素的作用。人體活動肌肉時，需要一種名爲乙醯膽鹼的物質。製造這種控制肌肉收縮的物質，則需要名爲膽鹼乙醯轉移酶的酵素。

此外，停止肌肉收縮靠的是乙醯膽鹼酯酶這種酵素的作用。有了這些酵素，我們才能隨心所欲地按照大腦指令運用肌肉、活動身體。

順帶一提，地下鐵沙林事件後廣爲人知的沙林毒氣，就是一種讓乙醯膽鹼酯酶失效的毒氣。由於這種酵素失效了，肌肉無法停止收縮，造成肢體僵硬、麻痺和呼吸困難的後果。

動脈硬化會引發心肌梗塞和腦梗塞。爲了預防動脈硬化，需要血栓溶解酵素。這種酵素平時隱藏在血液中，一旦有需要，就會搖身一變，成爲活性強的纖溶酶，趕往身體內需要它的地方。

催化這個變身過程的，則是腎臟與尿液中含有的酵素——尿激酶。如果沒有這些酵素，我們全身上下便都血栓了。

自然免疫的主角巨噬細胞（分布在動物組織內的大型阿米巴狀細胞），也能用酵素分解抓住的異物。前面介紹過肝臟的庫佛氏細胞就是巨噬細胞的一種，能發揮同樣的作用。

DNA因活性氧而受損，進而產生癌症。不過，如果有DNA損傷修復酵素，就能讓受損的DNA復原。

在腎臟內淨化血液的酵素、製造胃酸的酵素、分解有害物質的酵素……酵素的作用不勝枚舉，其作用就等於生命活動本身。

人類能否活得健康，端看代謝酵素群有無好好發揮作用。只要不過度消耗酵素的存量（潛在酵素），保證能過上與疾病無緣的生活。反之，體內酵素如果不足，就是造成所有疾病產生的「根源」。

以上是酵素營養學中對「健康、疾病」的看法。

代謝量愈多愈容易短命

或許很少人聽過魯布納定律(注1)吧。多倫多大學的麥克阿瑟及貝爾小組依據這個定律，用蚤狀溞進行一項實驗，證明消耗潛在酵素有可能導致短命。

實驗中，依不同溫度將蚤狀溞放入培養皿培育，結果發現在攝氏八度環境下培育的蚤狀溞可活一〇八天，在攝氏二十八度環境下培育的蚤狀溞只能活二十六天。

活了一〇八天的蚤狀溞，每秒心臟跳動兩次；只活二十六天的蚤狀溞，每秒心臟跳動七次。這代表什麼呢？——蚤狀溞心臟跳動大約一千五百萬次後就會死亡。

不管在何種環境下培育的蚤狀溞，其一生心臟跳動的次數幾乎相同。心臟跳動需要酵素，酵素在低溫環境中活動力弱，提高到一定溫度後就會變得活潑。因此，在溫水中的蚤狀溞活動力強，到處游來游去，消耗過多的代謝酵素，只活了短短的二十六天。換言之，這個實驗證明了生物一生中能使用的酵素總量固定。

這並不是說，把同樣的狀況套用在人類身上，住在寒冷地帶的人就會比較長命的意思。

由於蚤狀溞是變溫動物，會隨著環境改變血液的溫度，正在進行的活動和代謝也會跟著環境改變。而人類是始終保持一定體溫的恆溫動物，不會像這樣受到外在環境的影響。不過，代謝程度與壽命長度呈反比的狀況，從相撲選手等從事劇烈運動的運動員壽命較短這點，也能得到證明。

魯布納定律中的「代謝量大」指的是：一、運動過度；二、睡眠不足；三、過食；四、消化不良等造成過量使用酵素的情形。因爲生物的壽命與潛在酵素（體內酵素總量）的消耗程度呈反比。

話雖如此，完全不運動也會出問題，這叫「廢用性萎縮」，也就是肌肉、骨骼、神經等如果沒有使用到一定程度就會萎縮，導致衰竭。

說到底，適度的運動才是保養身體的最佳作法。聽起來很像廢話，但的確是正確答案。

關於運動，容我再多提醒一下，從事劇烈運動的選手，請一定要多攝取富含酵素的食物。預防潛在酵素過度消耗最好的方法，就是攝取食物酵素。

下一章將進入食物酵素的說明。

注1：由德國生理學家馬克斯．魯布納（Max Rubner）所提出的理論：不論壽命長短，每種動物終其一生，每公克的組織所能消耗的卡路里數是相近的。

第3章

酵素減少！
熱食的危險性

繩文人長壽的原因

我們以前一直認爲繩文時代的日本人因爲生活環境嚴苛，早夭的人多，平均壽命並不長。

然而，二〇一〇年聖瑪利安娜醫科大學的長岡朋人講師發表「從出土人骨推測，六十五歲以上的繩文人數，超過全體繩文人的百分之三十」的研究報告。這是從蝦島貝塚遺跡（岩手縣）和祇園原貝塚遺跡（千葉縣）等九個遺跡出土的人骨中，以可詳細推測出年齡的腰骼骨耳狀面進行調查、統計得出的結果。

這個結果獲得多數考古學家及人類學家的正面評價，從而得知繩文人比我們原先以爲的還要長壽多了。

此外，根據鳥濱貝塚遺跡（福井縣）等地的挖掘調查，可知繩文人的大便量一天可達一千公克。而幾乎只吃芋頭的巴布紐幾內亞原住民非常健康，一天的大便量也差不多是一千公克。

因此，對照繩文人以雜糧、蔬菜、水果、樹子及海藻類爲主食，再從他們的大便量來看，繩文人之所以如此長壽，似乎也不是太難理解的事。撇開傳染病不說，住在自然環境豐饒地區的繩文人，或許活得眞的比我們所想像還要久。

人類自從開始用火，疾病就跟著增加，根本的原因正出在食物加熱過後會導致酵素不足。人類的歷史，也可以說是疾病的歷史。

從挖掘出的人骨也可證明，最早懂得用火的尼安德塔人已經開始罹患關節炎等疾病了。

改善動物園死亡率的餌食

地球上所有生物中，只有人類、人類飼養的動物和動物園裡的動物吃不含酵素的食物和飼料。

也因此，只有人類和人類飼養的動物會得「生活習慣病」（注2），或類似的疾病。根據學者觀察研究非洲野生動物生態系的報告，可知野生動物原本不會生這些病。

食物究竟如何左右生物的健康，舉個動物園的例子來說明——美國芝加哥林肯公園動物園以「很少動物病死」而聞名，在這所動物園中，餵食肉食動物如獅子、老虎吃生肉、生骨、生肝臟等食物。大猩猩及黑猩猩等類人猿則餵食香蕉、蘋果等生鮮蔬菜、水果。

然而，在二次世界大戰前，這所動物園給動物吃的都是加熱過的食物。當時園內動物經常生病且壽命不長。直到改成現今的餵食方式，動物們的健康狀態和過去完全不同，不僅繁殖旺盛，下一代的成長也很順利。

現在幾乎所有美國的動物園都向林肯公園動物園看齊。儘管餵養生食的份量有所差異，卻也都給予生食了。數據顯示，在飼料中摻雜愈多生食的動物園，愈少動物生病死亡。

費城動物協會的病理學家福克斯博士調查人工飼養後，野生動物的疾病發生狀況。

根據博士的研究報告，從一九二三年開始，人們餵食動物吃加熱調理並添加維生素與礦物質的食物，之後長達二十年的時間，動物身上頻繁出現與人類同樣的疾病。

這些疾病包括急性或慢性胃炎、十二指腸潰瘍，腸、肝臟、腎臟及腎上腺的疾病，還有心臟病、惡性貧血、甲狀腺方面的疾病、關節炎、肺結核以及血管方面的病症，有些動物甚至罹患癌症。博士的著作中記錄了這些動物罹患的疾病名稱，至少超過三十種。

一旦讓動物和人類一樣吃加熱烹調過的食物，動物園內的野生動物身上就會出現和人類相同或類似的疾病。此外，維生素和礦物質雖是對健康非常重要的營養素，光只是補充它們還不夠。

注2：過去稱為慢性病或成人病。「生活習慣病」一詞來自日本，如高血壓、高血脂、糖尿病、心臟病、腦梗塞、癌症等都屬於生活習慣病。

動物實驗顯示的酵素力量

其他眾多動物實驗也顯示同樣的結果，以下介紹其中之一。

在英國蘇格蘭地區亞伯丁的羅維特研究所中，奧爾等人以老鼠進行實驗。研究人員將老鼠分成兩組，第一組一千兩百十一隻老鼠吃跟人一樣加熱過的食物，第二組的一千七百零六隻老鼠則吃生菜和生乳。實驗爲期兩年半。

結果清楚顯示，第一組（吃加熱食物的）老鼠血液中的免疫抗體顯著減少，繁殖能力和行動力都呈現衰退，變得容易受感染，毛髮粗糙，還有些老鼠很快就死了。將死掉的老鼠進行解剖，發現其中不少老鼠罹患了腸炎、肺炎、貧血和心膜炎。

之後在餵食第一組老鼠的食物中補充維生素和礦物質，但這些老鼠身上依然出現肺臟、腎臟和生殖器的疾病，有些老鼠還得了癌症，這些原本在老鼠身上都是很罕見的疾病。

此外，正如前一節所提及，即使在食物中添加了維生素和礦物質，沒有生食（酵素）的輔助也難以發揮效果。

相較之下，第二組（吃生食的）老鼠活得不知疾病爲何物，身體都很健康，實驗報告明確證實酵素的功效。美國另外有一個投入四千隻老鼠的實驗，也是得出相同結果。

法國也有研究團隊用九百隻貓做了類似實驗，結果還是一樣。在這個實驗中，研究人員把貓分成兩組，A組餵食含有酵素的新鮮牛肉與牛奶，B組餵食加熱烹調過的肉類和經過低溫殺菌的牛奶。

結果，A組繁衍了好幾代依然維持健康。相對的，B組的貓則患上心臟病、腎臟病、甲狀腺方面等和人類一樣的生活習慣病，還有貓得了牙周病，失去牙齒。不僅如此，B組繁衍後的第二代出現死胎或小貓帶著疾病出生的狀況。繁衍到第三代時，母貓還得了不孕症。

這份實驗結果記錄在亨伯特・聖提諾的著作《*Food Enzymes; The Missing Link To Radiant Health*》一書中。

這個跨越了十年的實驗進行於一九二〇年代，時間雖久遠了點，但從那時起，人們便開始討論加熱食物會失去什麼，結果發現那就是「酵素」。

食物好壞能左右疾病的發生

除了動物園的動物和實驗動物外，人類也能證明加熱飲食與生食的差異。這樣的例子其實很多，以下做幾個簡單的介紹。

住在北極圈的因努伊特人以生的魚類、海豹等海獸，以及海鷗等海鳥爲主食。蔬菜只有在夏季很短的期間才吃得到。即使如此，他們的身體仍非常健康——耳聰目明，牙齒堅固，擁有年輕的血管，血壓數據也一切正常。

這是加拿大蒙特婁綜合醫院代謝專科醫師大衛，花了七年時間調查因努伊特人的研究報告。

報告也指出，當生活過得愈來愈文明，南方的因努伊特人開始吃起煮過的肉、罐頭、乾燥食品甚至速食，罹患動脈硬化的人便增加了，還有不少人爲高血壓、心臟病及腎臟病所苦，不健康的狀況令人不忍卒睹。

同樣情形也發生在美國原住民身上。他們過去非常健康，但在受到美國政府保護後，開始罹患肺炎等疾病。

原因在於他們放棄了原本以蔬菜爲主的飲食生活，吃起精緻穀物、麵包、甜點、罐頭豆子與玉米等食物。當然，他們也吃肉。

反觀至今仍與文明世界保持距離，過著古早農業生活的其他美國原住民，研究報告指出他們的身體還是很健康。

非洲也發生了同樣的情況。一九六〇年起，當地陸續出現過去從未有人得過的疾病。

這些疾病包括便祕、闌尾炎、大腸憩室炎、潰瘍性大腸炎、大腸息肉、大腸癌等消化器官方面的病症。

同時，肥胖、高血壓、糖尿病，心臟病等血管、代謝方面的疾病也增加了。還有人出現甲狀腺異常等內分泌方面的病症，這些都是以前非洲這片大地上從未出現過的疾病。

原因在於非洲人的飲食漸趨歐美化，他們開始吃肉、起司、牛奶、乳製品、麵包、甜點、巧克力、洋芋片點心等從歐美進口的食物。

這些食物裡只有極少量的膳食纖維、植生素、維生素及礦物質，而且幾乎完全不含酵素。

以上這些例子，清楚說明了食物的好壞能影響健康，左右疾病的發生。

長壽村與短命村的飲食差別

來看看世界上知名的長壽村和短命村吧。

厄瓜多的安地斯山中有個叫比爾卡班巴的村落，它位於赤道正下方，海拔約一千五百公尺，白天溫度約攝氏十四到二十二度，濕度也舒適宜人。

村民體型高瘦，外表看起來年輕有活力，也都很長壽。根據京都大學家森幸男榮譽教授的調查研究，其中一位一百一十八歲的男性村民血壓數據為一一〇／六四，血檢數據一切正常，身體非常健康。

村民的主食是炊煮籼米，也吃玉米和木薯，還吃很多稗粟和稷米。此外，他們吃一種將大豆浸泡在水中兩天後烹調的食物。第五章會再詳細說明將大豆浸泡在水中兩天的重要性。還有大量的新鮮蔬菜。

這個村落水質優良，具有「生命之水」的美名。生長在水邊的水果也是村民們常吃的東西。從飲食和居住環境看來，不難理解為何這裡會成為長壽村。

世界上還有其他幾個與比爾卡班巴齊名的長壽村，其中之一就是罕薩。這個村落位於鄰近中國邊境的巴基斯坦北部，受到周圍七千公尺等級高山環繞。

居民的飲食特徵是攝取超乎尋常份量的水果。夏季直接生食新鮮水果，其他季節則吃曬乾的水果，或將果乾加入麵粉做成蛋糕食用。總之，村民的水果攝取量高得驚人。進食的時間也值得讚賞。早上下田工作前空腹不吃東西，勞動兩、三個小時後才吃雜糧麵包、生鮮蔬菜或豆類配牛奶；午餐則吃用曬乾的杏桃加水揉捏成的杏脯。順帶一提，罕薩地方盛產杏桃，是當地特產。晚餐除了吃上述食物外，還會再加上少許肉類和一些自製葡萄酒。

這個村子具有另一個特徵，就是具備優良的衛生習慣，因此很少有人生病。以上描述來自在罕薩觀察八年時間的英國探險家 R．C．F．尚柏克上校的報告，由此可知，適度的勞動和充滿酵素的食物爲罕薩人帶來健康長壽的生命。

受黑海和裏海包圍的高加索地區，也是世界三大長壽村之一。高加索是知名的優格故鄉，這裡人們的健康也建立在生乳製品上。因爲是「生」乳，含有豐富酵素，和日本市面上販售的加工乳製品有決定性的不同。

接下來，也介紹幾個以壽命短聞名的「短命村」吧。

首先是中國西北新疆的維吾爾自治區。這個地區有險峻的天山山脈、廣大的塔克拉瑪干沙漠。以肥沃盆地相連，做為東西交易之路而知名的絲路也橫越其中。

住在沙漠裡的遊牧民族哈薩克族壽命很短，據說很少人活過六十歲。五十歲已經算長壽，很多人甚至只能活到三十多歲。

造成哈薩克人短命的關鍵原因，在於他們的飲食觀念，他們認為「蔬菜是羊吃的東西，不是人類該吃的食物」。

騎在馬上趕羊的遊牧民族，生活中需要消耗大量的卡路里。哈薩克族常吃的食物有羊肉、羊乳、羊乳製成的奶油、起司，以及用羊油和大麥粉烤製的麵包，這些食品確實能提供高熱量，卻毫無抗氧化的營養素。此外，他們習慣喝的酥油茶內又含有大量鹽分，因此很多人年紀輕輕就得了心臟病、腦中風或消化器官的癌症。

五十度水洗和冷凍都利用酵素的力量

走筆至此，其實一直在介紹的都是「生食的力量」。生鮮動植物內含大量酵素，這種酵素稱爲「**食物酵素**」。

相對於人體內自行製造的「體內酵素」，從外部獲得的食物酵素又稱爲「體外酵素」。食物酵素纖細敏感，很不耐熱。在攝氏四十八度下兩小時，五十度下二十分鐘，五十三度下兩分鐘就會失去活性（功效），不過也有在七十度下仍呈現活性的例外酵素。

酵素雖然不耐熱，只要給予適當加溫，卻又更能發揮效力。讓酵素保持在最高活性的溫度，就是第一章提過的「最適當的溫度」。

最近蔚爲話題的「五十度水洗」就是利用酵素的這個特性。只要用這個溫度的水去洗，食物酵素就能保持最佳活性，更爲新鮮。

此外，將酵素對溫度的反應反過來利用的，則是冷凍技術。酵素冷凍後會

酵素的活性與溫度的關係

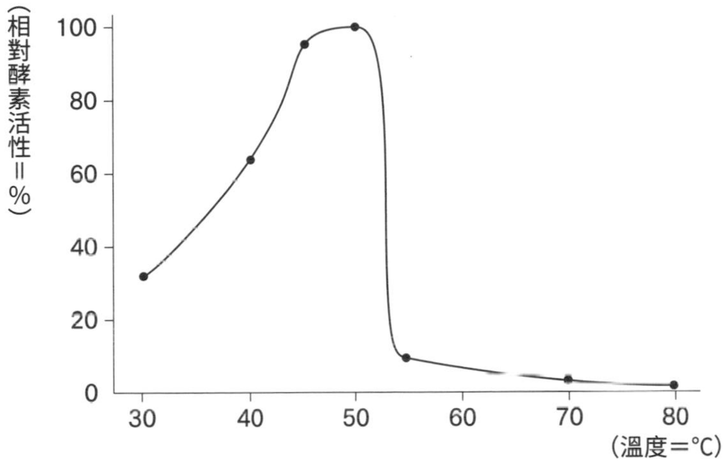

睡著，進入幾乎失去活性的狀態，也不再進行酵素活動，這時候食物就不會腐敗。冷凍食品和罐頭食品的原理，就是像這樣封起酵素的活動力，阻止食物氧化。

回到前面所述，因努伊特人和長壽村的人們之所以能活得長壽又有活力，就是因爲他們盡可能地享用了「生食的力量」。所有食物都含有食物酵素。動植物一死，酵素即開始發揮功效，自動分解動植物的本體。

第二章最後介紹到魯布納定律時，曾提及人類將身上的酵素用光時，就是死亡的時候。其實嚴格說來，在生命結束時酵素並未完全用盡。為了讓死後的肉體自然分解，身體最後還會保留一點酵素。

人們經常用「回歸塵土」來形容死亡，讓肉體「回歸塵土」的，正是酵素的作用。

賀威爾博士稱食物酵素的這種作用為「預消化」。

食物中的酵素，從食物被咬碎，細胞遭到破壞的瞬間，就開始發揮預消化的力量了。

早在人體內消化酵素開始活動之前，食物就可透過這樣的預消化達到某種程度的分解。這麼一來，進入體內正式展開消化的階段後，人體的消化酵素就不用消耗那麼多。

多出來的酵素還可以轉為代謝酵素，這就是健康與長壽的決定性關鍵。

動物只吃生食的原因

多數動物都擁有讓食物進行預消化的器官。賀威爾博士稱這種讓食物酵素發揮作用，促進食物分解的器官爲「食物酵素胃」。

以下的例子，最適合用來說明食物酵素胃。

鯨魚有三個胃（另一種說法是四個）。曾經有人發現鯨魚的第一個胃裡塞滿了三十二隻海豹，驚人的是，鯨魚的第一個胃並不具備能溶解海豹的消化酵素，也完全沒有分泌胃酸。

沒有消化酵素，也沒有胃酸作用，鯨魚要如何消化、分解海豹這麼大的食物，再送入下一個胃呢？這實在是難題中的難題，因爲鯨魚的胃與胃之間只有非常狹窄的通道。

這個引發學者爭論的謎團，在解開食物酵素之謎後也隨之迎刃而解。原來，鯨魚靠的是吃下肚的海豹本身持有的食物酵素（消化酵素）來分解。

首先，被鯨魚吃下的海豹會在第一個胃裡窒息而死。死去的海豹釋放一種叫組織蛋白酶的酵素，溶解自己的身體，這時在鯨魚第一個胃裡的寄生原蟲也釋出酵素，將海豹的屍體跟組織蛋白酶一起溶解。待溶解成食糜狀後，就能流入第二個胃了。

鯨魚第二個胃裡也進行著一樣的機制，直到食物進入第三個胃才首次出現鯨魚本身分泌的消化酵素，將海豹消化至細小分子等級，最後送入小腸吸收。寄生原蟲在第三個胃中死亡溶解，進入小腸成爲蛋白質的來源。第二章介紹過「牛如何攝取蛋白質」，就和那一樣。簡單來說，死去海豹本身的體內酵素會直接被鯨魚當作消化酵素來使用。

萬一吃的不是生肉——比方說，鯨魚吃的是整條火烤過的海豹——會發生什麼情況呢？這種時候，第一個胃裡不會出現組織蛋白酶，無法消化海豹，海豹的屍體繼續完整留在胃中，鯨魚也遲早會死。

所以，野生動物本能知道要吃生食（內含食物酵素＝消化酵素），也只吃生食。

和鯨魚一樣，海豚也有三個胃（另一種說法是四個），具備同樣的消化機能。此外，像牛、羊、鳥都是擁有複數個胃的動物，而且第一個胃都不會分泌消化酵素，只需給予適當的溫度和水分，讓吃下肚的食物靠本身的酵素促進分解。除了上述動物之外，松鼠用來儲存食物的頰袋也能發揮與「食物酵素胃」相同的功用。

人類也有兩個胃？

那麼人類的情形又是如何呢？人類只有一個胃，應該沒有另一個「具備預消化機能的食物酵素胃」吧？

不，沒這回事。其實，人類也有食物酵素胃。

人類的胃，入口與出口皆狹窄，只有中間是鼓起的袋狀構造。和食道相連的入口附近稱爲賁門，和十二指腸相連的出口附近稱爲幽門。除了這兩個地方以外的其他部位，稱爲胃體部。胃體部上方有個叫做「胃底部」的部分，爲何明明位於上方卻叫胃底部呢？這是因爲進行外科手術時，開腹的位置都比胃更下方，因此從開口處看過去，胃的上方反而位於最內側，故稱胃底部。

可以將這個部位，也就是賁門與胃底部附近想成是人類的食物酵素胃。胃的這個部位不會分泌消化酵素，食物在沒有蠕動運動的狀態下，會在這個部位停留一到一個半小時。所以，我們也可以說人類有兩個胃。

食物酵素胃（不會釋放酵素的胃）

人類

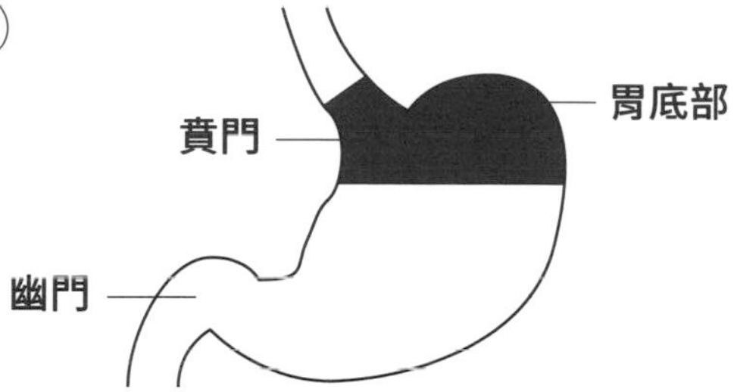

※人類胃中的賁門與胃底部附近相當於食物酵素胃。

牛

※牛羊等反芻動物，擁有三個食物酵素胃。

鯨魚

※鯨魚及海豚等鯨豚類，其第一胃和第二胃是食物酵素胃。

人類的消化，從嚼碎食物與唾液混合的那一刻便已展開，不過這時分泌的消化酵素只有唾液澱粉酶，僅對碳水化合物起作用。

之後食物通過食道，被運往胃賁門。照理說，食物必須用自身具有的酵素，在這裡進行蛋白質和脂肪的預消化才對。人類只要好好攝取生食，一樣能在這裡靠食物本身的酵素進行預消化，如此一來，就能減少消耗身體製造的消化酵素。

然而，人類盡是吃些酵素已被破壞的加熱食物，導致必須消耗大量消化酵素，惡性循環之下連帶波及了代謝酵素。

第四章會再仔細描述消化不良有多可怕。總之，只要陷入一次消化不良，即使代謝酵素趕來支援，也無法將食物完全消化。因此，沒有完整消化的營養素在體內循環，導致肥胖和疾病。

希臘神話中，把火帶給人類的普羅米修斯觸怒了宙斯，受到被老鷹定期啄食肝臟的痛苦責罰。學會用火固然使人類智慧進化，得以開展文明，付出的代價卻也很大。

導致胰臟肥大、大腦縮小的原因

人類長期食用大量加熱食物，身體也跟著出現一些變化。已經有很多研究證實這改變最大的特徵，就是胰臟和唾液腺的肥大。

依據和體重的比例來計算，人類的腎臟比牛、馬、羊等動物大了二至二．八倍。之所以會這樣，就是因為人類吃了沒有酵素的加熱食物，不得不分泌更多消化酵素來消化，分泌胰液的胰臟才會愈來愈肥大。

牛羊等草食動物只吃未經煮食加熱的植物，胰臟以身體比例來說偏小，此一事實顯示食物酵素在消化這件事上扮演著重要的角色。

唾液腺肥大的原因也是一樣。事實上，只有人類的唾液中含有大量消化酵素（澱粉酶）。我們的身體為了彌補食物酵素的攝取不足，自行做了種種「改良」。

另外，也有數據顯示酵素不足使人類的大腦縮小。和野生動物相比，飼育動物的胰臟較大而大腦較小。從這一點也可看出，人類的大腦本來應該比現在更大才對。

只要在日常生活中攝取充分的食物酵素，我們的大腦也可能增大，頭腦變得更好。

吃烤魚配蘿蔔泥的科學依據

食物酵素有著和預消化不同的另一種「消化力」，能把一起吃下的食物加工成爲更容易消化的狀態，因此也算是一種「預消化」。新鮮蔬菜、水果除了富含維生素和礦物質，也含有許多這樣的食物酵素。

舉例來說，木瓜就是一種富含食物酵素的水果。非洲中央南部的原住民會用木瓜葉包住肉靜置一段時間，他們知道木瓜所含的消化酵素能讓肉變軟，這種消化酵素就是蛋白質分解酵素——木瓜蛋白酶。

同樣含有蛋白質分解酵素的水果還有奇異果。奇異果含有奇異果蛋白酶，吃完肉類之後再吃奇異果，能讓肉更好消化，減少胃酸過多造成的不適。

糖醋肉裡的鳳梨具有同樣的用意。鳳梨含有豐富的鳳梨蛋白酶，也是一種能夠分解蛋白質的酵素。只是這類酵素不耐熱，高溫熱炒會讓酵素死滅。另外，無花果中也含有名爲無花果酶的蛋白質分解酵素。

日本人會用蘿蔔泥搭配烤秋刀魚或烤鯖魚食用，這種習慣其實也很符合邏輯。

蘿蔔泥含有超過一百種的酵素，可說是個龐大的食物酵素集團，其中包括分解澱粉的澱粉酶，分解蛋白質的蛋白酶，以及分解脂質的脂肪酶。

其他還有會攻擊活性氧的過氧化氫酶，能分解致癌物的氧化酶等。烤魚燒焦處經常被視爲致癌的原因，氧化酶就能有效地將其分解。蘿蔔泥的湯汁更是各種酵素的寶庫，請不要丟棄，全部喝光吧。

山藥也含有分解澱粉的澱粉酶和分解活性氧的過氧化氫酶。將山藥磨成泥、淋在飯上吃有助於消化，這是老人家也能放心食用的料理。

國外的食物也不乏類似智慧。最具代表性的，就是法式前菜冷盤中，用哈密瓜配生火腿的吃法，同樣是運用輔助消化的概念。另外，配牛排吃的鳳梨道理亦同。多數水果都含有豐富蛋白質分解酵素，建議可和肉類一起吃，或在吃完肉類後馬上吃。

關於食物酵素，電視節目曾出現「胃酸會讓食物酵素失去活性，攝取了也沒意義」的蠻橫說法。其實，這是不對的。酵素分成「不會因胃酸失去活性」和「看似在胃酸中失去活性，來到小腸後又再度復活」這兩種。沒有一種酵素會在胃酸中失去活性。

從本章開頭介紹的各種動物、因努伊特人和長壽村民生活的例子，即可知道「生食的力量」有多可貴，正好能夠明確反駁電視節目中的蠻橫說法。

優良食材——水果的力量

人類這種動物的食性到底屬於哪一種?有人說是草食，也有人說是雜食。我想，雜食應該是目前最有力的說法吧。不過，美國約翰霍普金斯大學的知名人類學家艾倫·沃卡博士曾這麼描述：

「很久很久以前，人類的祖先既不是肉食，也不是草食，更不是雜食主義的動物。他們主要的食物是水果。」

博士根據化石上齒痕的調查結果，斷定人類曾是「果食動物」。和人類基因構造有百分之九十五到百分之九十九相同的黑猩猩，其主食就是香蕉。的確從來沒聽過生存在自然界中的黑猩猩們爲糖尿病或癌症所苦吧。從人體構造與性能來看，水果正是我們人類唯一能毫無抗拒、接受的食物。

有人說水果含有太多果糖，因而避免吃水果，這眞是嚴重的誤會。事實上，沒有比水果更優良的食物了。

水果不僅含有豐富酵素，人體消化水果也幾乎不用耗費能量，有防止過度消耗潛在酵素的效果。水果也富含維生素C和植生素等抗氧化物質，最重要的是，水果的百分之七十到九十都是品質良好的水分；膳食纖維也很豐富，還含有少量但優質的脂肪酸及胺基酸。

諸如此類，水果的好處不勝枚舉，幾乎找不到缺點。關於糖分（果糖）的問題，也不像同爲醣類的砂糖（＝蔗糖。第五章會再詳細說明）那樣容易使人肥胖、蛀牙，或造成牙周病及糖尿病等疾病，更不會傷害免疫機能。果糖實在是一種優良的糖分。

看看我們周邊，應該沒有人會討厭吃水果吧？這就證明攝取水果是人體的本能。

癌症與酵素的關聯

為什麼吃富含酵素的食物對身體好呢？

首先，酵素有助於消化，能讓營養素順利被身體吸收，吃下的食物很快轉化爲能量來源，提升行動力與活動力。此外，食物酵素保護了體內酵素，不讓體內酵素消耗過多，促進代謝順暢。

其次，食物酵素能減少腸內腐敗，有助於提高「腸道免疫力」。增強免疫力最大的重點在於「短鏈脂肪酸」，食物酵素有利於短鏈脂肪酸的形成。關於腸道免疫力和短鏈脂肪酸，第四章會有更詳細的敘述。

在這裡想強調的是，攝取富含酵素的食品能讓血液清澈、微循環變好。微循環指的是發生在微血管內的血流循環。微循環的好壞，對人體健康具有很大的意義。以下先說明血液在體內扮演的角色。

血液是在心血管內循環流動的液體，肩負維持生命的重要作用。血液最

清澈的血液和混濁的血液

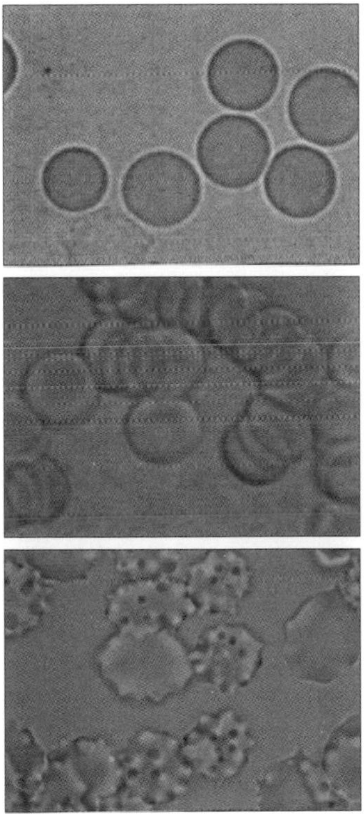

血液內的紅血球正常時（上圖），呈現大小均等的圓盤狀，血液清澈。兩個以上紅血球發生凝集時（中圖），就流不進微血管，造成血液混濁。若腐敗菌附著在紅血球上，會成為表面粗糙不規則的球形棘紅細胞（下圖），也會造成血液混濁。

主要的職責，是「搬運」氧氣和養分，「維持」一定的酸鹼值、荷爾蒙和體溫，以及「防禦」外來的病原體及異物。

從人類心臟送出的血液，在總長十萬公里（可繞地球兩圈半）的血管內流動。血液一邊在這漫長的距離中移動，一邊爲體內所有細胞運輸氧氣、胺基酸、葡萄糖、脂肪酸、維生素、礦物質和酵素等重要營養物質。

回程時，血液還得攜帶體內的二氧化碳和老化廢棄物質。肩負這重要責任的血管，有百分之九十三是微血管；支撐起細胞代謝的，正是這樣的微血管組織。

然而，當血漿內形成高蛋白狀態，或因氧化油脂等壞油及糖化蛋白質（蔗糖與蛋白質結合而成的東西）增加，這些物質進入原本必須保持四散的紅血球中間，宛如漿糊一般，將紅血球串連起來。由於狀似串銅錢，稱爲緡錢狀紅血球凝集。只要有兩個紅血球串在一起，其大小就進不了微血管。

此外，原本圓盤狀的紅血球變成表面粗糙不規則的球形時，就叫做棘紅細胞。出現棘紅細胞的血液質地混濁，微循環惡化，氧氣和養分無法順利運輸到全身，身體組織陷入飢餓狀態。

這樣的微循環不良，是引發疾病的最終階段，尤其眼睛、腎臟、大腦、子宮和卵巢等特別需要血液循環的臟器，將會受到更嚴重的損害。卵巢囊腫、子宮肌瘤、腎臟病、眼疾、下肢靜脈曲張、腦梗塞等病痛都起因於微循環不良，痔瘡、手腳冰冷也一樣。除了這些典型的微循環不良疾病，若說所有病症都來自微循環不良也不爲過。

癌症亦是其中之一。當身體組織陷入飢餓或缺氧狀態時，活性氧就會出現。活性氧傷害、破壞細胞膜內的ＤＮＡ，使其產生突變，最後發展爲癌細胞。

「癌症會先從沒有氧氣的地方開始。」這是發現呼吸酵素（細胞色素）的諾貝爾生理學．醫學獎得主——德國奧托．瓦爾堡博士說過的話。

只有酵素擁有解開成串紅血球（緡錢狀紅血球凝集）的力量。進行這個工作的雖是代謝酵素，食物酵素被吸收至體內後，也能解開血液中的紅血球凝集。

想讓微循環變好，唯一的方法就是盡量攝取含有酵素的食物。這裡說的含有酵素的食物，就是「生食」或「發酵食品」。

讓人健康的食品條件

思考看看，能爲人類帶來健康的食物具有哪些條件？

首先，最好是能讓血液清澈、血流順暢的食物，這樣才能把豐富的養分和氧氣輸送到全身各處。

再者是能減少腸內腐敗的食物。腸內腐敗往往是疾病的成因，還會讓微循環惡化，所以要攝取幫助排便順利的食物，調整好腸內環境。

除此之外，具有強力抗氧化及抗發炎作用的食物也很重要。活性氧是健康大敵，最好攝取能幫助去除活性氧的食物。想要維持健康生活，就必須去除活性氧。

更進一步，是要攝取能夠好好轉換爲能量的食物。

符合以上條件的食物有：生菜、水果、海藻、芋薯、豆類、穀類和發酵食品。其中發酵食品，我特別推薦黑醋及酸梅乾。而生菜和水果飽含對身體有好處的營養素，膳食纖維、維生素、礦物質和維生素也很豐富，還含有酵素。

構成人類身體的元素包括氧、碳、氮、氫、磷……等。驚人的是，人體有百分之六十五的氧，由此可知，人類沒有氧氣眞的活不下去。

還有，構成人類細胞的分子有百分之七十都是水。不管怎樣，這個比例都不會有太大改變。雖然攝取過多脂肪時，脂肪的比例就會逐漸增加，使細胞本身慢慢變大，造成肥胖。但即使因此肥胖，細胞中水的占比仍不會有太大改變。

人體最需要水的細胞是腦細胞，有百分之八十五都是水。腦細胞中的水分一減少，大腦就會出現問題。降到百分之八十四時陷入失智，還有危急生命的可能。酵素沒有水也不會活動，水對人類而言就是這麼重要。

吃生菜、水果，能充分攝取到飽含酵素的水分。這就是爲什麼我一再強調，日常生活中大量攝取「生食」才是通往健康的正道。

治療疾病的酵素飲食

我們體內的潛在酵素，會隨年齡增長而減少，消化、吸收食物的能力及解毒能力也會日漸衰退。身體驅除各種細菌的力氣減弱，變得容易生病。

水果和生鮮蔬菜裡，含有許多天然酵素，能夠補充上述日漸減少的潛在酵素。攝取這些天然酵素，也等於同時攝取抗氧化物質。

舉例來說，類胡蘿蔔素（β-胡蘿蔔素）、多酚（花色素苷等）之類的植生素就屬於此類。這些植生素裡存在著負離子（電子），能將活性氧轉變爲水。另外，十字花科的蔬菜如高麗菜、白蘿蔔和綠花椰等含有許多抗氧化力，也有豐富的抗壞血酸（維生素C）、α-生育酚（維生素E）等其他營養素。

這些含有酵素和抗氧化物質的生食，在全世界都被用來治療疾病，其中以德國最普及，連酵素療法先進國的美國或其他歐洲國家都比不上。

德國也有許多酵素療法治療專家，例如以治療結核馳名整個歐洲的馬克

構成人體的元素

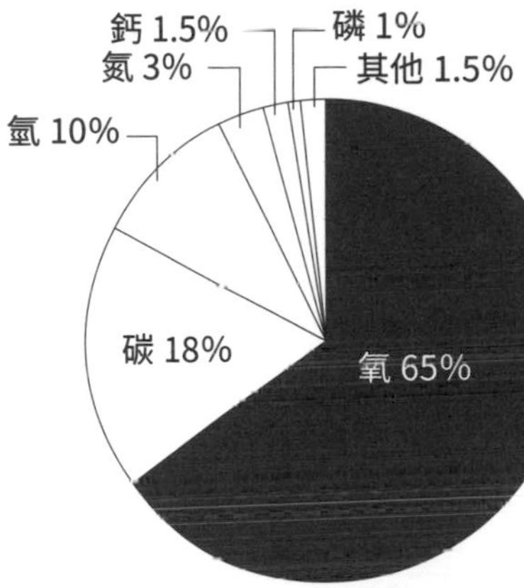

構成人類腦細胞的分子

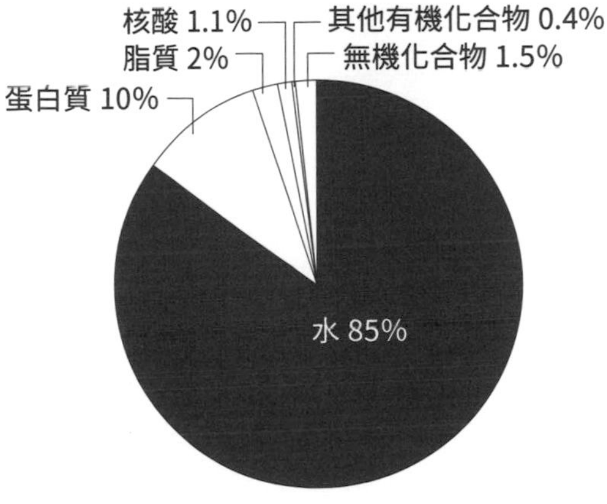

斯・葛森（Max Gerson）博士，就曾赴美投入以生食治療癌症的工作，並且創下不少成功案例。他所提倡的「葛森療法」，現今仍被世界各地視為以飲食療法治療癌症的聖經。

我也從事以酵素飲食、斷食療法（鶴見式半斷食，最後一章有詳細敘述）和酵素保健食品為中心的酵素醫療，實際上頗有成效。包括酵素在內，「生食的力量」就是這麼偉大。

生食與熱食的比例六：四

正如本書一直強調的，我強烈建議大家吃生食，但並不建議百分之百吃生食。**「吃六成含有酵素的生食，四成加熱烹調過的食物」**或許最爲理想。

前面曾提過人類原本是「果食動物」，經過幾十萬年的演化，代謝方式也有了改變，人類的雜食性提高了不少。不過，這並不代表吃水果不再重要。

不建議百分之百吃生食的第一個原因，在於動物性食品中也含有許多營養素，光靠生菜、水果絕對會攝取不足。

比方說，胺基酸和維生素 B 群就是這類的營養素。胺基酸共有二十一種，彼此相互傳遞，保持互助互補的關係。必須均衡攝取所有種類的胺基酸才行，就算只缺少其中一種，也會使其他胺基酸的吸收變差。人類無法像牛那樣分解纖維，從中吸收蛋白質，因此得從動物性食品中補充。

胺基酸的種類及其特徵

蘇胺酸	必	幫助有效利用飲食中攝取到的蛋白質。
纈胺酸	必	促進成長，抑制脂肪肝的形成。
白胺酸	必	幫助肌肉生長，在所有必需胺基酸中一日所需分量最多。
異白胺酸	必	幫助肌肉生長，強化肝功能，促進成長。
甲硫胺酸	必	降低膽固醇，預防與治療帕金森氏症及感覺統合失調，解毒，肝臟保健，所有胺基酸中免疫強化力最高。
苯丙胺酸	必	抗憂鬱、鎮定作用，提升記憶力。
離胺酸	必	集中注意力，提高受精率，單純皰疹的預防與治療。
色胺酸	必	減輕「焦慮不安」，睡眠輔助，鎮痛效果。
組胺酸	必	緩和風濕症狀，減輕壓力，促使精神亢進。
精胺酸	子	增加精子數量，加速傷口癒合，促進成長荷爾蒙分泌。
麩胺酸	非	促使腦機能亢進，加速潰瘍痊癒，改善肝臟機能，幫助消化道的消炎作用。
天門冬胺酸	非	增強免疫力，提升精力、耐力。
天門冬醯胺	非	增強免疫力，改善氨代謝，神經傳導物質的原料。
鳥胺酸	非	增加肌肉荷爾蒙，促進成長。
酪胺酸	非	腎上腺素、正腎上腺素、多巴胺的原料。
丙胺酸	非	可能有抗腫瘍的效果，防止宿醉，美肌效果。
絲胺酸	非	鎮痛效果，也能用作抗精神病藥物。
脯胺酸	非	加速傷口癒合，提高學習能力。

胱胺酸	非	加速傷口癒合，促進葡萄糖代謝，SOD（超氧化物歧化酶）清除活性氧的作用力強。
甘胺酸	非	輔助其他胺基酸合成。
麩醯胺酸	非	輔助免疫機能，能量來源，提升記憶力，腸黏膜細胞原料。

※必＝必需胺基酸
非＝非必需胺基酸
子＝大人非必要，但小孩一定要有的胺基酸

維生素B群也一樣。維生素B_{12}幾乎不存在於任何蔬菜中，而一旦缺乏維生素B_{12}，就可能造成惡性貧血、睡眠障礙、神經系統和消化器官的障礙，出現各種弊端。

不只如此，蔬菜做爲食材，本身的品質也出現了問題。由於種植時大量使用農藥，全球土壤惡化，現今的生鮮蔬菜已經不像從前那麼有營養價值了。

當然，蔬菜內含的酵素量也比從前少了。從營養學角度來看，我認爲現代人光靠生菜或水果，已經無法滿足所需的營養，也不足以構成免疫力。因此，動物性食品必須占現代人整體飲食的兩成左右，不妨在飲食內適度加入肉類、魚類海鮮和蛋。不過，切記要

「適度」。

一星期攝取的份量，大約是肉類一百到兩百公克、魚類兩百到三百公克。同時，吃肉的日子就不吃魚，吃魚的日子則不吃肉。這麼做的原因，是爲了防止動物性食品攝取過量，也能保持蛋白質及脂肪等動物性營養素的均衡。蛋差不多一星期吃三到四顆即可。

不建議百分之百生食的第二個原因是——避免造成壓力。

任何設定得太過極端的飲食都會產生壓力。壓力是疾病的一大成因，還會造成消化不良。若是以治療疾病爲目的，或許還能忍耐著吃百分之百的生食，但日常生活要這樣吃是不可能的，若因此累積太多壓力，豈非本末倒置。

不建議百分之百生食的第三個原因是——有些食物加熱過後，營養價值變得更高。

比起生吃，曬乾後的白蘿蔔和香菇含有更豐富的纖維質與礦物質。紅蘿蔔炒過或水煮過後，營養也更容易被吸收。

煮過的蔬菜因爲細胞已破壞，更方便吸收內部養分，也更好消化。雖然

蔬菜內含營養素的變化

營養素	蔬菜	1950年	1963年	1980年	2005年
維生素 C	菠菜	150	100	65	35
	白花椰菜	80	50	65	81
	小松菜	90	90	75	39
	山茼蒿	50	50	21	19
鐵質	菠菜	13.3	3.3	3.7	2.0
	韭菜	19.0	2.1	0.6	0.7
	山茼蒿	9.0	3.5	1.0	1.7
	黃蔥	17.0	1.2	0.5	0.4
鈣質	南瓜	44	44	17	20
	西洋南瓜	56	56	24	15
	芹菜	86	86	33	34
	淺蔥	85	85	120	20

※每 100g蔬菜的含有量（mg）
（引用自日本文部科學省技術・學術審議會資源調查分科會「日本食品標準成分表」）

加熱過的蔬菜酵素會失去活性，只要配合吃其他生菜，就能充分兼顧營養與消化兩方面，可說是最正確的飲食方式。

一天的蔬菜攝取量以四百到五百公克爲目標，其中一半吃生菜，剩下一半加熱來吃，這樣最好。

不只蔬菜，現代人吃肉、吃魚，甚至吃速食等加熱食物的比例壓倒性地高，導入生食當然絕對有其必要。生食與加熱食物的比例抓在六比四，甚至五比五也沒關係，我認爲兩者都均衡攝取才是最重要的事。

從酵素營養學看和食的功效

世界上應該沒有比日本更重視生食的國家了，生魚片、壽司等食物也早就馳名海外。從魚類攝取食物酵素，吃生魚片就是最好的方式。綜觀歐美國家，並沒有像日本這樣吃生魚或生肉的飲食習慣。

此外，在植物性食品方面，日本人也具有不經過加熱，而是用醃漬方式調理蔬果，藉以攝取酵素的智慧。我認為，從醃漬物中攝取豐富的食物酵素，正是日本人長壽的原因之一。

納豆及味噌等發酵食品也是日本人飲食智慧的結晶。在這些發酵食品發酵的過程中，微生物製造了酵素及其他物質，有助於體內酵素發揮作用，對代謝和解毒都很有幫助，在預防癌症上也貢獻了很大的力量。

然而，看看現代日本，癌症、糖尿病等生活習慣病、阿茲海默症等老年疾病急速增加，許多人受病痛所苦，連兒童都無法倖免，開始出現原本少見的肥胖等生活習慣病。這些現代人今後必須面對的重要課題，原因幾乎全都來自飲食的失調。

該是時候重新思考祖先絞盡智慧、費盡工夫建構的飲食文化了。

進入第四章節後，將會說明站在健康最前線的「腸道」與酵素、免疫的關係。

第4章

根本原因就在
腸與腸內菌

「第二大腦」腸道扮演的角色

本章以「腸道這種器官有多麼不可思議」爲主題。這裡的「不可思議」，和酵素有千絲萬縷的關係。

腸道是負責消化、吸收的臟器，也一肩挑起人類健康第一線「免疫」的任務。大腦、肝臟、腎臟、胰臟等主要臟器都是從腸道發展出來的。以神經細胞的數量來看，遍布腸道內的神經細胞數量雖然沒有大腦那麼多，卻也足以和脊髓匹敵。

有人用「遍布腸道的神經，就像穿上一雙網襪」來形容腸道內的神經。這樣的腸道，是人體消化、吸收工作的司令塔，因此腸道也被稱爲「第二大腦」。身體重拾年輕活力的關鍵字，就是「腸道健康」。

爲了說明腸道是多麼重要的臟器，以下暫且用樹木來比喻人類。樹木有根系，根系上有著吸收養分的細胞。如果沒有根系，支撐樹木生命的養分和

用樹木比喻人體

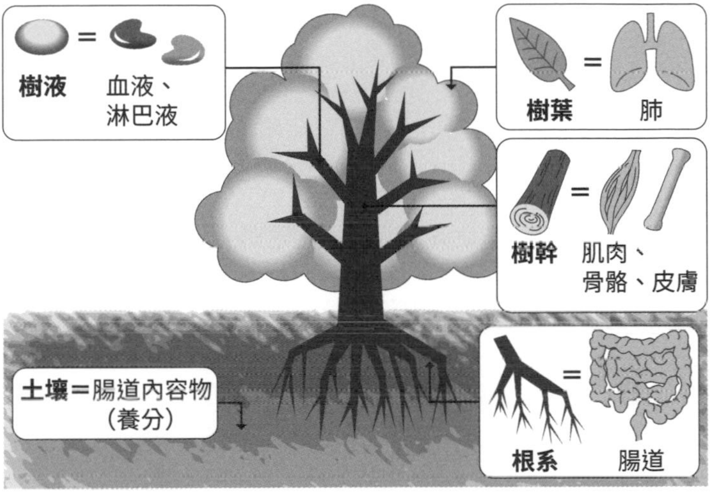

能量就無法進入樹木體內。

對人類來說，腸道就相當於樹木的根系，負責吸收養分的細胞位於小腸的腸絨毛（小腸內壁的無數指狀突起）。土壤裡的養分，則相當於經過消化後來到腸內的養分。順帶一提，樹液相當於人體的血液及淋巴液；行光合作用製造氧氣的樹葉相當於肺部；樹幹則相當於人體的肌肉、骨骼與皮膚。

樹木的根系一旦乾枯，樹木就會腐朽，這時無論澆灌多少養分也無法吸收。反之亦然，本該供給養分的土壤若受到污染、腐化，樹木也會因此枯萎。

人類也一樣，營養吸收細胞都在腸道內，若腸道環境不健全，自然無法正確吸收養分，相當於土壤的腸道內容物因而腐敗，身體也跟著腐壞了。

守護腸道健康，必須攝取第三章提到的富含酵素食材。吃進體內的食物，乃是決定健康的關鍵。

我不使用抗癌藥物的理由

在整個小腸中，約有三千萬根腸絨毛，一根腸絨毛上覆蓋著約五千個營養吸收細胞，也就是說，整個小腸中約有一千五百億個營養吸收細胞。

透過數量如此龐大的吸收細胞，將營養吸收入體內。吸收的過程如果不順利，人就會陷入營養不良狀態。不只如此，身體接下來的許多重要代謝工作，也將無法順利進行。

我治療過許多罹患重症、包括癌症在內的病人，基本上採用的都是斷食（鶴見式半斷食，本書最後一章會詳細敘述）和酵素並行的飲食療法，再搭配服用酵素保健品。

即使在治療癌症時，我也不使用抗癌藥物，因為我認為抗癌藥物進入人體後會破壞腸絨毛。

抗癌藥物的療程愈長，愈會對整體腸絨毛帶來不良影響。試想，樹木根系若是枯朽，又要怎麼吸取養分呢？腸道內的營養吸收細胞一旦被破壞，人體就無法形成免疫力及自癒能力，恐怕對原本治得好的病也無能爲力了。

除了增加活性氧等各種風險外，我不使用抗癌藥物的最大原因，還是在於「會破壞營養吸收細胞」這一點。

所有疾病都來自「消化不良」

第二章曾簡單介紹過消化的流程，在此重新說明一次。

所謂消化，指的是將三大營養素中的碳水化合物（澱粉）、蛋白質和脂肪，個別分解為小腸能夠吸收的分子等級大小——由於消化道的黏膜孔洞非常細小，體積太大的東西無法通過。至於維生素和礦物質分子原本就小，直接就能吸收了。簡單來說，消化指的是「分解三大營養素」。

碳水化合物和蛋白質的形狀就像一條珍珠項鍊。假設胺基酸及單糖（葡萄糖、果糖、半乳糖等）是一顆一顆的珠子，蛋白質就是由超過一百顆胺基酸珠子串成的珠鍊，多的甚至有由超過一萬顆胺基酸串成的蛋白質。

一個胺基酸叫胜肽，兩個連在一起叫二胜肽，三個就叫三胜肽，十個左右連在一起叫寡胜肽，十到一百個連在一起的叫多胜肽，超過一百個連在一起的就叫做蛋白質。

碳水化合物的澱粉，也是由許多單糖（葡萄糖）串連而成，少則幾百個，多至幾萬個。只有幾個或幾十個單糖串成的叫寡糖，只有兩個串成的叫麥芽糖。不過，差別也就只有數量不同而已。

這些營養素無法一口氣分解，所以要陸續經由唾液、胃液、胰液和腸液等不同階段，一點一點將串珠項鍊剪斷，仔細分解爲一顆一顆的胺基酸珠子或葡萄糖珠子，這就是正確的消化作用。其中擔任剪刀角色的，正是澱粉酶及蛋白酶等酵素。

脂肪的情形和蛋白質或碳水化合物不一樣，並非呈珠鍊狀，而是像下頁的圖示一般，由甘油勾著三個脂肪酸，只要把脂肪的消化想成拿掉中間的掛勾就行了。

如上所述，消化就像拿「酵素」這把剪刀來剪碎或拆開食物，使其分解爲分子等級的微小型態。

經常聽人說，吃油脂豐富的食物比較不容易餓，這是因爲和以碳水化合物或蛋白質爲主體的食物相比，富含油脂的食物在人體內較晚開始消化，也

三大營養素的消化機制

碳水化合物

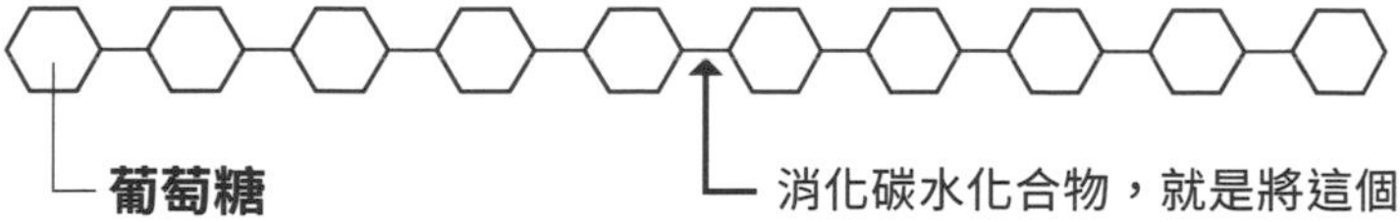

葡萄糖

消化碳水化合物，就是將這個連接處剪開。

蛋白質

胺基酸

消化蛋白質，就是將這個連接處剪開，分解成三個以下串連的胺基酸，人體就容易吸收了。

脂肪

甘油　**脂肪酸**

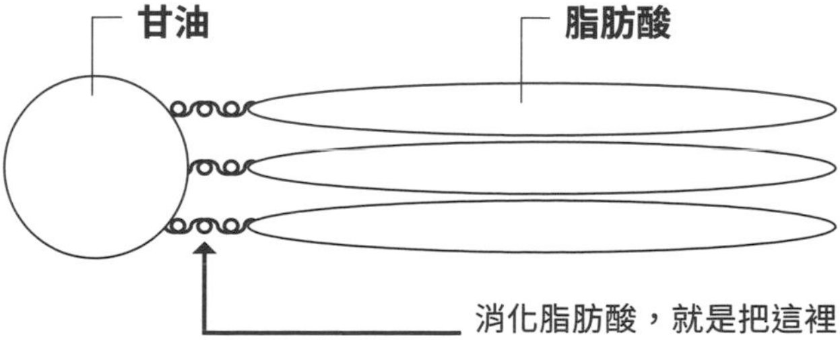

消化脂肪酸，就是把這裡的掛勾解開。

（引用自曼哈曼・馬馬杜博士的報告及丸本淑生著作《圖解 豐富的營養學》）

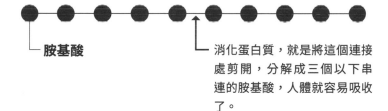

得花更多時間吸收。以下簡單說明。

碳水化合物主要由澱粉酶這種消化酵素分解爲葡萄糖或果糖等單糖；蛋白質主要由蛋白酶這種消化酵素分解爲二胜肽或胺基酸。接著，它們都會被小腸的腸絨毛吸收，通過肝門靜脈送往肝臟。

脂質也由脂肪酶分解爲甘油和脂肪酸，之後藉由膽汁酸的乳化作用，將脂質乳化爲細小微團（小且易溶於水），成爲親水性物質後由腸道吸收。

進入小腸上皮細胞的乳化物，會再與蛋白質結合，製造出名爲乳糜微粒的大型脂蛋白。這些乳糜微粒由淋巴管吸收，順著淋巴液流向腹部、胸部、心臟後移入動脈，運往全身。

雖然有一部分脂質會和胺基酸一起通過肝門靜脈、前往肝臟，多數脂肪成分還是會如上述說明，沿著淋巴系統的通道走。脂肪分解之所以得花上比較多時間，就是因爲必須經過這個漫長的過程。

簡言之，人類無法直接吸收食物。法國文豪大仲馬曾說「人不是靠吃下的東西存活，而是靠消化的東西存活」，眞是至理名言。

然而，一次吃太多東西，大量食物進入體內後，要將這些物質全部切碎、拆解可是非常費事的工作，就好比想將一萬顆珠子串成的項鍊剪成一顆顆，卻無法在時間內順利完成，頂多只來得及拆解成十顆一條或二十顆一條，消化程序就結束了，以這種狀態進入大腸。

這就是「消化不良」的狀態。而在這種狀態下，別說養分無法徹底吸收，還可能引發各種弊害。

之後會再詳細說明，尤其是蛋白質，如果沒有充分消化，未消化完全的蛋白質就會殘留在大腸內，被壞菌（腐敗菌）分解成為「含氮殘留物」。

這些含氮殘留物將成爲包括癌症在內的多種疾病及症狀的原因，也就是我爲何說「一切疾病都來自消化不良」。

腸漏症候群

「消化不良」導致非常嚴重的現代病，那就是過敏。進入體內的營養素，本該由小腸順利吸收，卻因消化不良導致腸絨毛發炎。發炎的腸絨毛把原本絕對無法吸收的大分子物質帶入血液。

腸絨毛發炎的部位，就像拍線鬆掉的網球拍，撐開了一個大洞，這個症狀有個名稱，叫做「腸漏症候群」。

平常只能吸收分解爲分子等級大小的營養素，突然跑進由一百個胺基酸相連而成的蛋白質會發生什麼事呢？它本是不該存在血液裡的東西，因此人體的免疫系統將其判斷爲「異物」，用抗體包覆起來。如此守護身體的行爲，卻引發了過敏症狀。基於如此而引發的過敏症狀，不僅包括氣喘、鼻炎、花粉症、異位性皮膚炎，甚至連膠原病、克隆氏症等多種神經系統疾病、潰瘍性結腸炎等重症，都有可能受到腸漏症候群影響而發生。

腸漏症候群的機制

健康的小腸壁

※只有小分子（經過分解的營養素）能通過

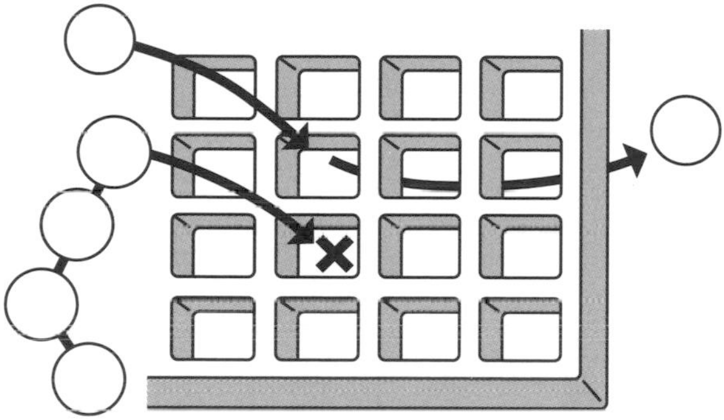

不健康的小腸壁

※連大分子（異物）都能通過

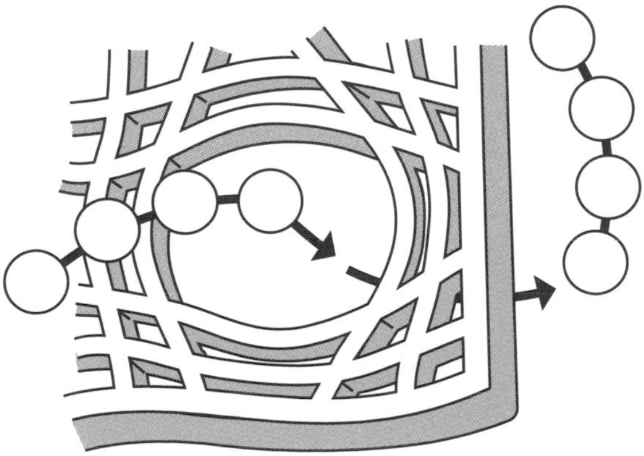

除了上述症狀與疾病，二〇〇七年四月，在匈牙利布達佩斯舉行的世界肥胖醫學會中，也有學者提出糖尿病、心臟病、肝功能障礙、腦中風和肥胖都與腸漏症有密切關係的報告。如此一來，簡直就是所有疾病的元凶。

我同樣認爲是腸漏症引起上述疾病的發作。異物進入體內就會弄髒血液，血液一旦被弄髒，微循環就會惡化，難怪會得腦梗塞、心肌梗塞和糖尿病。此外，肝功能因此出現障礙也不是什麼難以置信的事。

釐清疾病的原因至關重要。得了腸漏症候群，會在小腸內壞菌釋放的鹼性物質作用下，使腸黏膜溶解，腸壁潰爛。造成腸漏症的常見原因，通常是過度攝取化學藥劑，簡單來說，就是吃太多藥。

儘管和過度抽菸、喝酒也有關係，食物的影響還是最大。換言之，就是小腸內的腐敗。蛋白質過量攝取在這裡也占了一大要素。此外，攝取太多蔗糖（砂糖）也是原因之一。蔗糖不僅對腸道有害，還會引起骨質疏鬆，造成骨骼退化，對皮膚則帶來黑斑、皺紋等老化現象。不只如此，吃太多蔗糖還會使腦機能與記憶力衰退，對身體各個部分都不好。

腸內產生的四大現象

三大營養素吃進嘴裡，消化吸收後，會在腸道內發生四大現象，分別是「發酵」、「腐敗」、「異常發酵」和「酸敗」。這四種現象的差異在於，發酵對健康有益，腐敗、異常發酵和酸敗則不健康。

首先來看「發酵」，這是發生在碳水化合物這種受質上的現象。適量攝取好的碳水化合物（寡糖、澱粉、膳食纖維等多醣類），腸道內就會產生發酵現象。發酵產生在益菌微生物發揮作用分解有機物時，並且會產生有機酸及氣體。這裡的氣體成分爲二氧化碳和氫氣、甲烷，所以完全不會臭。

第三章曾提及納豆和優格等發酵食品藉由微生物（菌）的力量製造許多酵素，對人體健康有很大的貢獻。其實，人體內也發生著一樣的狀況，此時產生的是一種叫「短鏈脂肪酸」的有機酸。關於短鏈脂肪酸，之後會再詳細說明。

接著是「腐敗」現象。當腸道內壞菌（腐敗菌）聚集在蛋白質這種受質上，就會產生腐敗現象。胰液與腸液中含有各種酵素，這些酵素能在小腸中消化分解蛋白質，成爲胺基酸。但若此時消化酵素不足，或是攝取過多蛋白質，就會引起消化不良。這麼一來，沒有充分吸收的蛋白質便滯留在大腸，成爲腐敗的一大原因。壞菌分解了這些過剩的胺基酸與未消化完全的蛋白質，形成腸內的腐敗，這時出現的胺基酸代謝產物就是「含氮殘留物」。這些含氮殘留物成爲導致各種疾病的原因，對人體是極爲有害的物質。

以下舉幾個具有代表性的含氮殘留物，例如糞臭素、吲哚（靛基質）、胺類、苯酚、硫化氫、氨（阿摩尼亞）等，這些令腸內腐敗的有害物質，又會製造出更強烈的致癌物亞硝胺。這些種種有害物質從腸道被吸收，污染了血液；微血管混濁，進入血管的細胞機能產生混亂，大量老化及廢棄物質滯留於組織內，造成血液循環不良與進一步的破壞。

就這樣，人們罹患了各式各樣的生活習慣病。雖然蛋白質是人體必需的重要營養素，一旦攝取過量，也會成爲恐怖的營養素。

含氮殘留物與次級膽汁酸結合會怎樣

「異常發酵」則是發生於碳水化合物攝取過量時。若是攝取適度的碳水化合物，就會像前面所說，腸道內產生發酵現象，成爲打造健康身體的根源。可是，碳水化合物一旦攝取過量，反而會引起腸道內腐敗。

攝取過量的原因有幾個，譬如吃太多或太晚吃消夜等，與壓力也有關係。吃完東西馬上睡覺，會使消化無法順利進行。另外，吃太多加熱食物也是異常發酵的原因之一；加熱食物吃得太多，身體沒有食物酵素可發揮作用，消化作業一樣無法順暢進行。遇到這種狀況時，未消化完全的碳水化合物殘留在腸道內，進而引起腐敗，這時放的屁就是臭的了。換句話說，放屁的味道可用來判斷腸內處於發酵狀態還是異常發酵狀態。

「酸敗」則是指脂質在腸道內氧化產生的現象。酸敗也是腐敗的一種，是很嚴重的問題。產生酸敗現象的原因有三。第一，是大腸內的壞菌繁殖；第二，是出現次級膽汁酸；第三，是出現次級膽汁酸時，壞菌牽引腸道內的胺基酸，製造出含氮殘留物。

壞菌繁殖和含氮殘留物有多可怕，前面已經敘述了。現在來說明第二種，也就是次級膽汁酸引起的酸敗。初級膽汁酸指的是肝臟細胞直接合成的膽酸及鵝脫氧膽酸等，也就是一般常說的膽汁。人體內一天可合成一公升左右的膽汁，其作用是乳化脂肪，幫助消化酵素脂肪酶發揮作用，促進腸道蠕動及輔助排泄。此外，膽汁還有殺死毒性細菌等其他幾個任務。

腸道壞菌會使這樣的膽汁變成石膽酸及去氧膽酸等次級膽汁酸。這些次級膽汁酸含有劇毒，遇到含氮殘留物製造的亞硝胺時，就會成爲引發大腸癌的原因。不只大腸癌，酸敗產生的毒素還會通往全身，引起疼痛和肌肉僵硬等症狀，最終可能導致生活習慣病與全身各種臟器的癌症。

引起酸敗的原因當然是脂肪的攝取過量。另外，攝取到氧化的油脂、劣化的油脂及反式脂肪（第五章會有詳細敘述）等壞脂肪，也是造成酸敗很大的原因。

新學說——腸內菌的酵素是體外酵素！

第二章曾介紹過牛胃分解纖維素（膳食纖維）的機能。牛的四個胃中，第一個胃（瘤胃）裡有無數的細菌（瘤胃菌）和原蟲活動。牛靠咀嚼反芻，一邊讓食物進進出出，一邊使其發酵，並利用發酵產生的能量維持生命。

其實人體內也有這樣的機能，而發揮這種機能的，是棲息在小腸及大腸中的腸內菌。腸內菌以大腸中形成的腸內菌叢（在腸道內形成如花園一般的細菌集合狀態）而聞名，但其實小腸內也存在相當量的細菌。

腸內菌生息的場所，就在沒有進行消化的迴腸部分。迴腸與小腸及大腸都有相通，小腸是腸道免疫（後述）的主角，大腸則是腸內菌大顯身手的主戰場。大腸和小腸內的益菌也不一樣，小腸裡的是乳酸菌，大腸裡的益菌則以比菲德氏菌（雙歧桿菌）爲主體。

據說腸內菌有四百種，總數爲四百兆個。不過，最近又出現了一千種及

即使是壞菌，也能保護身體不受病原菌攻擊

病原菌	對付病原菌的防禦菌
痢疾桿菌	・大腸桿菌（非病原性） ・產氣腸桿菌 ・梭菌（CRB） 等厭氧細菌群
沙門氏菌	・擬桿菌 ・光岡菌 +擬桿菌 ・梭菌
肉毒桿菌	・厭氧細菌群
病原性大腸桿菌	・厭氧細菌群（尤其是梭菌 +真桿菌）
綠膿桿菌	・厭氧細菌群（尤其是梭菌 +真桿菌）
霍亂弧菌	・大腸桿菌 +腸球菌 +變形桿菌 ・腸球菌 +魏氏梭菌 ・大腸桿菌 +產氣腸桿菌 +變形桿菌 +腸球菌

一千兆個的說法。人類的細胞總數約爲一百兆個，這表示有遠超過細胞總數的細菌遍布在腸道之中。

腸內菌的總重量多達一到一點五公斤，足以跟人體重要臟器的肝臟重量媲美。此外，腸內菌及其屍骸也占了糞便的一半。

除了比菲德氏菌和乳酸菌等「益菌」，腸內菌還包括魏氏梭菌及

大腸菌等「壞菌」，以及兩者皆非的「伺機菌」。

一般認為，理想的比例應該是益菌三，壞菌一，伺機菌六。但我認為，最好的比例是益菌三點五，壞菌零點五，伺機菌六。無論如何，壞菌都被允許存在於體內。雖被稱為壞菌，依然具備只有它能發揮的作用。

舉例來說，當霍亂弧菌之類的細菌侵入體內時，體內壞菌就會群起攻擊。壞菌的存在，也是為了用來應付更強大的外來細菌。

只是壞菌一旦過多，又會造成腸內腐敗，引發各種疾病，這就是它之所以稱為壞菌的緣故。一如膽固醇也有分「好壞」，但無論好膽固醇或壞膽固醇，全都是人體需要的東西，不能將它全盤否定。

儘管這些腸內菌又被稱為「第三臟器」，仍不算隸屬我們身體的組織。腸內菌只是住在腸內的微生物，和人類建立共生的關係。

我們是腸內菌的宿主，人體攝取的營養有一部分成為腸內菌的養分來源。腸內菌利用這些養分的分解、合成等發酵活動增殖，同時產出各種代謝物質，這些代謝物質又會被宿主人類利用為能量來源及構成身體的要素。

酵素種類・鶴見新學說

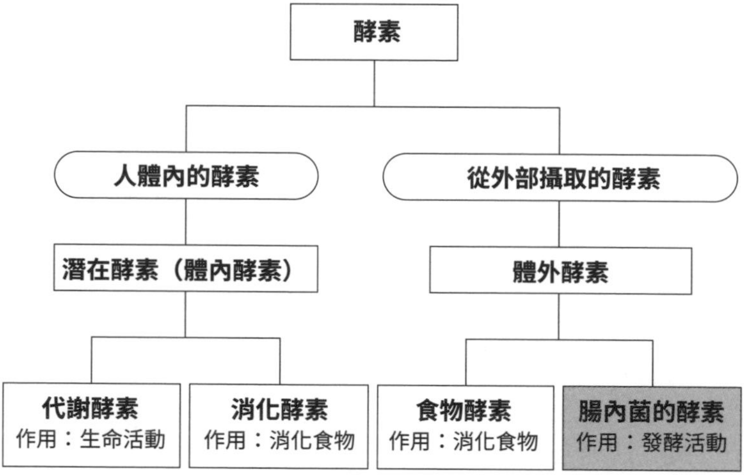

前面所說的分解發酵過程中，益菌就和牛的瘤胃菌一樣大顯身手。人類一直被認爲無法消化纖維素，然而現今已經發現，其實人體某種程度可以透過分解發酵來達成這件事，只是必須借助益菌的力量。

第一章的酵素種類圖表（第四十七頁），分成潛在酵素（體內酵素）及體外酵素兩大類。我認爲，應該考慮將腸內菌也列入這個分類表中。

問題是，要將腸內菌列入哪一類呢？腸道雖位於人體之內，腸內菌卻不屬於人類臟器，而是與臟器共生的外來生物。既然不是「內」，就該用「外」來形容才貼切吧。所以，我將腸內菌劃分為「體外酵素」，和食物酵素並列，這是我透過本書首次對外發表的最新學說，至今任何酵素營養學或酵素相關書籍中都未曾記載過這個說法。

腸內菌的運作與肝臟不分上下

腸內菌有許多不同的作用，包括驅逐病原菌、分解有害物質與致癌物質、幫助排泄、合成維生素、產生荷爾蒙、調整腸道pH值、活化腸道蠕動等等。

此外，將「快樂物質」多巴胺送往大腦、活化免疫力等，也是腸內菌的功能，眞可說具有三頭六臂的本領。

接下來，讓我們更詳細地來看看腸內菌與酵素的作用吧。

腸內菌也和人類一樣，不吃東西活不下去。一如我們用消化酵素分解、吸收蛋白質，腸內菌也會分泌分解酵素，將自身周圍的食物（例如未能在小腸中消化完全的膳食纖維或三大營養素的殘留物等）加以分解利用。這樣的發酵活動，同時還能成爲人類消化活動的輔助，幫忙分解農藥等有毒物質，達到解毒的作用。

借助酵素之力達到的發酵活動，足以和製造人體無法自行產出的營養素、有「人體化學工廠」之稱的肝臟媲美。腸內菌的酵素，也能為人體內的酵素帶來活性化的作用。

對健康有益的腸內菌作用，就是「益菌」的活動。而增加腸內益菌的方法有兩種：第一種是補充「益生菌」，像是喝優酪乳或吃優格，直接從體外補充微生物乳酸菌；另一種是補充「益菌元」，為腸道補充膳食纖維或寡糖等「飼料」，藉以養出更多益菌。

癌症與膳食纖維的關係

那麼，膳食纖維對人體的健康能產生多大影響呢？以下就針對這點做一些說明。

膳食纖維是碳水化合物的一種。以往人們曾把膳食纖維視爲「食物吃剩的殘渣」，直到最近，膳食纖維的評價水漲船高，原本「無法在人體內消化」的定義也經過好幾次修正，重寫爲「在小腸爲止的消化過程中，沒能完全消化就來到大腸的食品成分」。

基於認識到膳食纖維的重要性，現在人們也將其視爲第六營養素，積極地攝取。

膳食纖維分爲易溶於水的水溶性膳食纖維，以及不易溶於水的非水溶性膳食纖維。熟成的水果和海藻類等食物中含有豐富的水溶性膳食纖維，米、麥等穀類及黃豆、根莖蔬菜類則含有較多非水溶性膳食纖維。

膳食纖維主要的作用如下：

①構成糞便、增加排便量；
②刺激腸胃蠕動，加速腸道內容物的移動；
③吸附致癌物、有害菌及有害物質，使其成爲糞便排泄出體外；
④促進消化道的作用；
⑤延緩醣類吸收速度，預防餐後血糖值上升；
⑥吸附膽汁酸，使其成爲糞便排出體外；
⑦預防過度吸收膽固醇；
⑧預防攝取過量的鈉；
⑨做爲益菌的食物，改善腸內環境；
⑩增加胰液及膽汁的分泌量，使酵素數量變多；
⑪非水溶性膳食纖維如幾丁質．甲殼素等，可抑制脂肪攝取過量；
⑫發酵成爲短鏈脂肪酸。

水溶性膳食纖維的作用是妨礙膽固醇及多餘糖分，阻止糖分急速吸收，抑制血清總膽固醇與血糖的上升。非水溶性膳食纖維則能刺激腸胃運作，排出腸內產生的有害物質。

如此一來，膳食纖維得以預防血脂質異常、糖尿病及動脈硬化，消除便祕。此外，在預防所有癌症上也扮演著重要角色。膳食纖維和酵素食品一樣，都是維持人類健康的重要物質。

日本人膳食纖維的平均攝取量一天只有十五到十六公克。厚生勞動省公布的營養必需量是一天二十到二十五公克，相較之下，實際的攝取量過低。我甚至認爲二十到二十五公克仍太少，至少要攝取三十到四十公克才算理想。

然而事實是，日本人的膳食纖維攝取量不但沒有增加，反而年年減少，近五十年來幾乎少了一半。我認爲，癌症和糖尿病等許多慢性病的急增，或許受到膳食纖維攝取量減少的影響。

腸內環境的失衡，可能導致許多疾病的發生。

掌握健康之鑰——短鏈脂肪酸

前面提到腸內發生的四種現象中，「發酵」過程會產生有機酸。這裡的有機酸就是「短鏈脂肪酸」。換句話說，在大腸內益菌持有的酵素作用下，膳食纖維（糖分）進行發酵，就會產生短鏈脂肪酸。

脂肪酸分成結構超過十二個碳原子的「長鍊脂肪酸」、七到十一個碳原子組成的「中鍊脂肪酸」，以及六個以下碳原子組成的「短鏈脂肪酸」。

短鏈脂肪酸屬於飽和脂肪酸，不飽和脂肪酸中不存在短鏈脂肪酸和中鍊脂肪酸。

肉類脂肪及乳製品含有許多飽和脂肪酸，吃了會使人體增加中性脂肪及膽固醇，還會促進動脈硬化。因此，飽和脂肪酸一直被當成壞角色，這實在是誤會大了。

如果沒有飽和脂肪酸，細胞膜將會潰爛、崩壞，細胞便無法存在。飽和脂肪酸是構成細胞膜不可或缺的營養素，只有在數量太多或攝取太多時才會形成問題。

因爲短鏈脂肪酸的碳原子鍊結短，容易分解，可迅速轉換爲能量來源。順帶一提，人體內積蓄的體脂肪屬於十六個碳原子鍊結而成的長鍊脂肪酸，而非短鏈脂肪酸。

醋酸、丙酸（初油酸）、丁酸（酪酸）等短鏈脂肪酸是水溶性膳食纖維及醣類發酵而成的物質，其作用有提高人體免疫力、增進與維持健康等重要功效，近年來受到廣大矚目。

醋酸是脂肪合成的材料，丙酸是肝臟進行糖質新生時的材料，丁酸則是大腸主要部位的營養素。

百分之九十五的短鏈脂肪酸會被大腸黏膜吸收，負責全身消化管及臟器黏膜上皮細胞的形成與增殖，有促進黏液分泌的作用。胃液、腸液和胰液都以短鏈脂肪酸製造，大腸黏膜更是百分之百以短鏈脂肪酸爲能量來源。

此外，短鏈脂肪酸對粒線體也能發揮活化能量的作用。短鏈脂肪酸還有

脂肪酸的種類

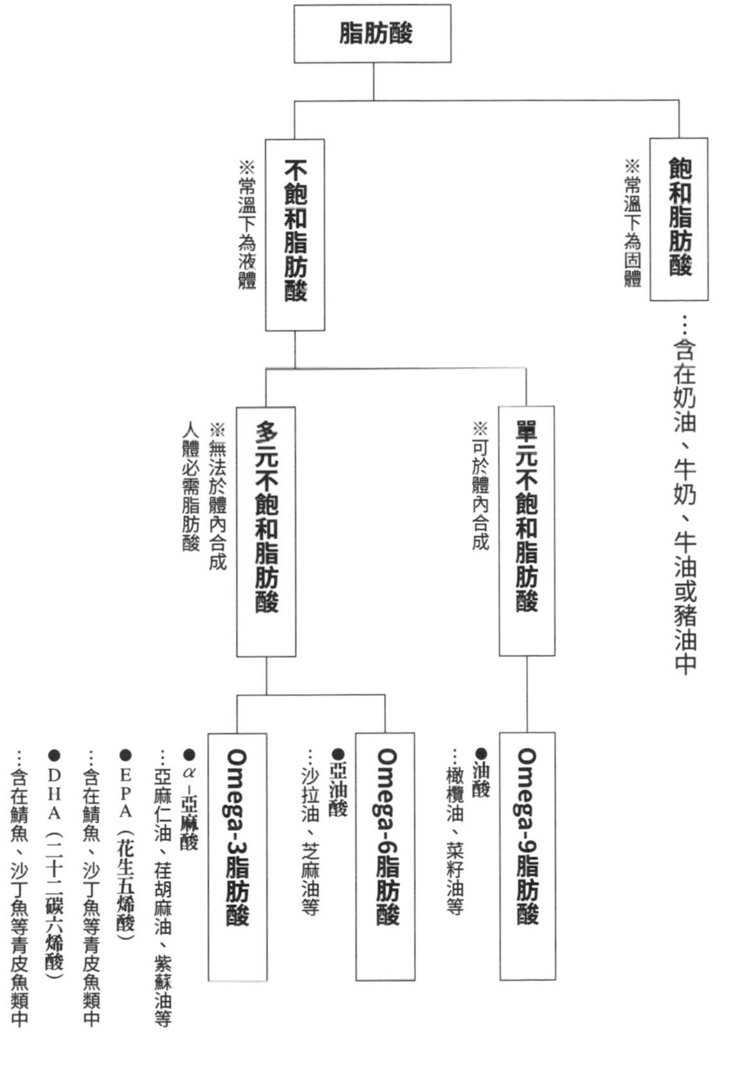
脂肪酸
不飽和脂肪酸
※常溫下為液體
飽和脂肪酸
※常溫下為固體
…含在奶油、牛奶、牛油或豬油中
多元不飽和脂肪酸
※無法於體內合成 人體必需脂肪酸
單元不飽和脂肪酸
※可於體內合成
Omega-3脂肪酸
●α-亞麻酸
…亞麻仁油、荏胡麻油、紫蘇油等
●EPA（花生五烯酸）
…含在鯖魚、沙丁魚等青皮魚類中
●DHA（二十二碳六烯酸）
…含在鯖魚、沙丁魚等青皮魚類中
Omega-6脂肪酸
●亞油酸
…沙拉油、芝麻油等
Omega-9脂肪酸
●油酸
…橄欖油、菜籽油等

短鏈脂肪酸的作用

醋酸	提高抗菌率、生物合成的材料、能量來源、提升血清膽固醇、提高對氧的攝取機能、促進結腸血液循環、促進鈣質吸收
丙酸	提高抗菌率、促進糖質新生、降低血清膽固醇、促進鈣質吸收
丁酸	提高抗菌率、為大腸黏膜提供能量來源、抗癌、抑制致癌基因、促進細胞分化及正常細胞的增殖、凸顯HIV抗原、促進細胞（癌細胞等）凋亡、促進血紅素的合成

降低腸道酸鹼值，提高殺菌力的功效，跟癌細胞的細胞凋亡（細胞的計畫性死亡）也有密切關係。

簡單來說，短鏈脂肪酸形成很大一部分的動物及人類體液（黏膜），能促進細胞粒線體的活性，也對強化免疫有所貢獻。

短鏈脂肪酸的作用，二十一世紀才獲證實

以下試著再列出短鏈脂肪酸的作用——提高抗菌率、促進鈣質吸收、抗癌、促進正常細胞的增殖，促進糖質新生……等。

我爲病患進行提高免疫力的療法時，會使用酵素保健品搭配酵素飲食，增加病患體內的短鏈脂肪酸，這樣的方式在癌症治療上看到很大的效果。個人認爲，短鏈脂肪酸功效的發現，價値不亞於植生素。

短鏈脂肪酸的研究從很早以前便展開。第二章提過「牛和馬只吃草，爲什麼會長肌肉，甚至是長出油脂分布均勻的『霜降肌肉』呢？」短鏈脂肪酸的研究，就始於研究者腦中浮現的這個單純疑問。

研究自一九四〇年代展開，卻直到二〇〇〇年之後，人們才終於發現短鏈脂肪酸的作用，整整花費了六十年的歲月。

牛的身體在反覆的發酵過程中，從草裡抽取大量胺基酸，藉由吸收這些

胺基酸來構成肌肉。同時，發酵過程也會產生有機酸（短鏈脂肪酸），大腸吸收了這些有機酸，化爲均勻分布的油脂。

短鏈脂肪酸的功效曾被忽略很長一段時間，現在透過以獸醫學爲主的學者研究，使我們明白原來短鏈脂肪酸具有這麼大的力量。

製造短鏈脂肪酸最好的材料是成熟的水果、海帶芽、昆布等食物中富含的水溶性膳食纖維。此外，穀物、黃豆和菇類內含的非水溶性膳食纖維也能成爲短鏈脂肪酸的材料。

其他像是黑醋、醋、梅乾、酸黃瓜、醋漬食品、蕗蕎、泡菜等發酵食品，這些都是製造短鏈脂肪酸的材料。

控醣減肥的危險陷阱

近年來，「控醣減肥」或「低碳水化合物減肥」的方式似乎很受歡迎，這是盡可能降低醣類的攝取，但不管吃多少肉都沒關係。

這麼吃會瘦的關鍵，在於胰島素這種荷爾蒙。

飲食中攝取的醣類在體內消化後，轉化爲葡萄糖進入血液，胰島素就在這時分泌，使葡萄糖轉換爲細胞的養分。然而，當血液中葡萄糖增加太多，胰島素分泌過剩，過度增加的葡萄糖不斷被細胞吸收爲養分。這麼一來，一部分的養分又轉變爲脂肪，成爲皮下脂肪累積，造成肥胖。相較之下，攝取蛋白質和脂質較難分泌胰島素，不管怎麼吃也很難轉化爲皮下脂肪。「控醣減肥」受歡迎的祕訣就在這裡。

但是，我認爲這種減肥方式很危險。爲什麼這麼說呢？因爲人體內只能靠葡萄糖轉化養分的器官就有四種之多。

這四種器官分別是肺黏膜、神經組織內膜、眼球的水晶體，以及血管壁。大腦雖然也以葡萄糖爲養分來源，缺乏葡萄糖時，還是可從胺基酸進行糖質新生，製造出葡萄糖，分解脂肪製造而成的酮體也能成爲營養源，所以不列入上述「只能仰賴葡萄糖」的器官。

長期進行控醣減肥，這四種器官就會陷入營養不良的局面，最終罹患肺氣腫、神經痛和白內障的風險很高，血管也容易受損。

美國稱這種減肥方式爲「阿特金斯減肥法」，我有認識的人實行過，的確會瘦。

不過後來對方身上出現動脈硬化的跡象，身體狀況也變差了。這是因爲實行這種減肥方式會讓血液變得混濁、微循環惡化，對腎臟也造成很大的負擔，容易引發腎臟炎或腎衰竭。

最嚴重的是腸內環境因此惡化。腸內四種現象之一的發酵沒有發生，卻因蛋白質和脂肪的攝取過度而引起腐敗及酸敗。如前所述，腐敗與酸敗都會產生含氮殘留物，誘發包括癌症在內的眾多疾病。此外，腸內沒有好好進行發酵的話，也無法靠益菌（比菲德氏菌）製造有機酸（短鏈脂肪酸）。

前面已經說明過，短鏈脂肪酸具有很大的力量，明白這點之後，一定更能體會控醣減肥的可怕。切記，醣類、澱粉和纖維素等碳水化合物對身體都是很有用處、也非常重要的營養素。

讓德國醫生讚嘆的明治時代飲食

從下面介紹的有趣小故事，就能看出醣類和酵素的力量。

一八七六年，明治政府邀請德國的埃爾溫·貝爾茲醫師赴日，擔任東京醫學校（現今東京大學醫學部）的教授，他當年的日記裡留有如下敘述。

貝爾茲最有名的事蹟是調查草津溫泉水質，證明溫泉水對身體有益，令草津溫泉一躍成名。

當時，東京等市區內的交通工具，幾乎只有人力車。貝爾茲對車夫強韌的體力感到驚嘆之餘，也興起醫學方面的好奇心，想測一測車夫的體力到底有多強。於是，他舉辦了一場車夫與馬的競爭，目的地是日光。

東京到日光的路程大約一百五十公里。貝爾茲自己換乘六匹馬，花了十四小時抵達日光。車夫則拉著載有一人的人力車，憑一己之力從東京出發，只晚貝爾茲半小時就抵達日光了。

貝爾茲感到非常驚訝，想知道車夫到底吃了什麼，竟然能發揮如此強大的體力。

他詢問車夫一路上的飲食內容，發現車夫帶的便當裡只裝了「糙米飯糰、味噌煮蘿蔔絲及醃蘿蔔」，這樣的飲食內容，讓貝爾茲一陣錯愕。

然而，乍看貧瘠、樸素的飯菜，其實很符合營養邏輯。首先，這些飯菜富含膳食纖維，也有很多酵素及酵母，更不乏促進能量代謝的維生素 B 群，礦物質也很豐富。吃了這些東西，車夫腸內一定好好地起了發酵作用。若真要說缺了什麼，頂多只差維生素 B_{12}。

貝爾茲回到德國後，對這件事做了報告，向德國人民提倡食用各種穀物及蔬菜的好處。

腸位在人體之「外」？

食物在腸胃中消化，吸收完營養素之後形成糞便，而被吸收的營養素跟隨血液前往全身細胞組織，進行能量代謝。因此，腸道、血液和細胞可說是三位一體的關係，而且全都有酵素活躍其中。

食物的通道從口腔開始，經過食道、胃、小腸、大腸到肛門，可視爲一條長長的管道。這條管道被稱爲「位於內部的外部」，醫學上更直接視其爲「外部」，原因在於這些器官雖然位在身體內側，卻和皮膚一樣深受外界的刺激影響。

正因如此，這些器官才會具備大型免疫組織，爲的是用來對抗外來入侵的細菌和病毒。那麼，「位於內部的內部」又是哪裡呢？除了這條消化管道之外的其他實質器官都屬於「內部的內部」，例如血液、肺臟、肝臟、心臟等。

人體依循體內平衡的恆定狀態（維持恆定性的機能，哺乳類主要靠自律神經和內分泌腺達成），始終保持在pH 7．35到7．45的弱鹼性。

生命誕生時，最初的細胞酸鹼值大概接近太古海洋的酸鹼值吧。這個數值在漫長的演化過程中，轉變爲現今動植物的酸鹼值。

人類體液大約在pH 7．4上下，屬於弱鹼性；但是皮膚及毛髮爲了抵禦細菌和黴菌，則保持在pH 5．5至6．5的弱酸性。胃的酸鹼值平常在pH 5以下，一有食物進來就立刻轉爲pH 1．5左右的強酸，利用強酸溶解食物和殺菌。

小腸的酸鹼值爲pH 5到6．5，大腸的酸鹼值爲pH 5到6，都保持在弱酸性，爲的是用來備戰，對付胃酸沒有完全殺死的殘留壞菌和重新繁殖起來的細菌。

光看消化管道的酸鹼值也能充分明白，爲何說這條管道是「位於內部的外部」。人類的身體，呈現「外酸內鹼」的狀態。

唯一的例外是十二指腸。十二指腸爲弱鹼性，這是因爲酸鹼值若沒有保持在pH 8，胰臟酵素就無法發揮作用。食物從胃部進入十二指腸時，會分泌膽囊收縮素和胰泌素等荷爾蒙，將碳酸氫鹽送入十二指腸。這麼一來，酸鹼值一口氣轉變為鹼性，來自胰臟的鹼性酵素就不會變酸，能夠好好發揮作用。

即使如此，接著進入同屬消化管道的空腸、迴腸時，酸鹼值又會變回酸性了。

長期吃胃藥會……

爲什麼消化管道非保持酸性不可？以下舉胃的例子來說明。

消化食物的胃液，是來自胃腺的分泌物。胃液由三種成分構成，顏色屬無色透明，質地略黏，並帶有很強的酸性。

胃腺深處的主細胞會分泌蛋白質分解酵素「胃蛋白酶」的前驅物——胃蛋白酶原，位於胃腺中央的壁細胞分泌鹽酸（胃酸），鹽酸和胃蛋白酶原混合後，就轉變爲胃蛋白酶，這些鹽酸讓胃內維持著強酸性，位於胃腺上部的副細胞則分泌胃黏液。

胃的 pH 值一旦超過 5，胃液的分泌量就會變少，連帶的也分泌不出胃黏液。胃黏液像一層厚度不到一公釐的薄紗，覆蓋在胃黏膜表面，以其中包含的鹼性成分（碳酸氫鹽）中和胃酸的酸性（氯離子與氫離子）。中和之後，就能保護胃黏膜不受胃酸（鹽酸）侵蝕。

胃黏膜很厚，原本的構造已很耐胃酸。只是若沒有胃黏液的保護，胃黏膜還是會酸蝕破洞。

胃內也有細菌，不過強酸環境中細菌爲數不多，一公克只有一千個左右的細菌。一旦胃酸變淡，細菌就會開始繁殖，其中最有名的就屬幽門螺旋桿菌，它會破壞胃黏膜，引發胃潰瘍及胃炎。現今已知幽門螺旋桿菌有引發胃癌的可能。胃黏液若停止分泌，胃黏膜就會直接暴露在幽門螺旋桿菌等壞菌的攻擊下。由此可知，前面提到用來製造器官黏膜的短鏈脂肪酸有多重要。

爲了防止胃酸過多帶來的胃部不適，相信很多人都會服用胃藥（制酸劑）。然而，吃胃藥的風險其實很大，剛開始服用時，的確能有效治好潰瘍，修復胃酸過多的胃部。問題是，長期服用胃藥下來會沖淡胃酸，最後胃酸幾乎不再分泌。這麼一來，胃的pH值不斷提高，細菌無限制繁殖。胃壁受到細菌入侵，再次潰瘍，最後變成致癌的一大因素。

此外，必須注意鹼性離子水等高鹼性食品。太常攝取這類食品，也會造成沖淡胃酸的後果。

小腸癌增加的原因

以往小腸癌是很罕見的癌症。儘管確切原因尚未釐清，最常見的說法卻是「因爲小腸黏膜新陳代謝非常急速，就算出現癌症徵兆，癌細胞也會馬上剝離，很快排泄出體外」。

除此之外，也有其他說法如：儘管小腸全長六到七公尺，占全體腸道的三分之二，但「食物通過小腸的速度很快，只須四、五小時，即使其中含有致癌物，與小腸接觸的時間也很短」。稍後會提到的「免疫細胞都集中在小腸」，也是一個有力的解釋。

然而，最近卻有愈來愈多人罹患這罕見的小腸癌。

前面提過除了十二指腸外，包括小腸在內的消化管道都必須保持弱酸性，但近來就連空腸和迴腸的pH值也常超過7（趨於鹼性）。換句話說，在十二指腸中提高的pH值，進入小腸後仍無法下降。

pH值上升的主要原因，在於攝取過量含有蔗糖的食品。蔗糖是念珠菌等壞菌的強力繁殖劑，這些壞菌吃了蔗糖而繁殖，造成pH值失去控制，進入空腸和迴腸後仍無法下降，沒有回復弱酸性。

糟糕的是，一旦腸內發生腐敗現象，胰臟就不再分泌碳酸氫鹽，中和不了十二指腸中胃內容物的酸性。因此，pH值升不上來，胰酵素分泌不出來，無法好好消化，結果再度造成腸內出現腐敗現象，完全是惡性循環。這時的腸內腐敗，正是導致小腸癌發生的因素。

另外，魚、肉等動物性蛋白質攝取過量也會造成細菌繁殖。現代日本人飲食生活不規律，導致愈來愈多人罹患從前罕見的小腸癌。

順帶一提，膽管癌和膽囊癌也會在小腸pH值朝鹼性靠攏時出現，所以小腸的pH值一定得維持在弱酸性才行。

有些人認爲「人是弱鹼性的動物，爲了維持身體健康，最好多吃鹼性食物」，因而拚命補充鹼性食品。但如同前面所舉的鹼性離子水等食品，大量攝取時也會增加生病的風險，一定要多注意。

身體一寒就容易致癌

人類的內臟器官中，有兩個絕對不會罹癌，那就是心臟和脾臟。反之，容易罹癌的部位則是食道、胃、肺、大腸和子宮。爲什麼會有這樣的區別呢？原因很清楚，關鍵就在溫度。簡單來說，容易受寒的地方，就容易罹患癌症。

心臟無時無刻不在跳動，產生熱能；脾臟則是紅血球聚集的地方，所以很溫暖。心臟溫度大多維持在四十多度，脾臟也有將近四十度。

俗話說「體寒乃萬病之源」，管狀器官（口→食道→胃→十二指腸→小腸→大腸→直腸→肛門相連，看起來像是一條長長的管狀臟器）因爲與外界相通，所以很容易受寒。

「受寒導致癌症發生」的道理也和酵素機能有關。因爲溫度只要變低，酵素就無法順利發揮作用。癌症患者體溫多半都在偏低的三十五度多。人的體溫每下降一度，酵素的作用就會減少百分之五十。從這一點來看，「不要讓身體受寒，要隨時爲身體保暖」的確是很好的保健方法。人體最適合的溫度是三十六點五度。

提到爲身體保暖，就會想到溫泉療法。泡溫泉時，經常看到標榜溫泉療效如：舒緩跌打損傷造成的疼痛、有效改善肩頸痠痛僵硬，還有治風濕等效果，對慢性疾病患者也很有益處等等，幾乎大多只提功效，卻很少清楚寫明原因。

我認爲，原因應該是「代謝酵素的活性化」。品質優良的溫泉，能讓身體打從深處暖和起來，這樣全身血液循環都會變好，微血管的循環尤其明顯，身體的微循環也因此有顯著改善。只要這些地方改善，代謝就會變得非常好。代謝酵素受到活性化，全身內臟器官都能順暢運作，好好發揮身體的解毒與排泄機能。就算泡溫泉的功效只是暫時的，身體也感受得到效果。

不同溫泉功效的差別，只在打從深處暖和身體的程度。造成程度上差異的，則是溫泉水內含的天然礦物質多寡。

活化小腸的「腸道免疫力」

前面提及「腸道是位於內部的外部」，所以保持著弱酸性，目的是爲了殺死細菌，阻止細菌繁殖。

腸道雖是分解、吸收營養素的重要臟器，其作用還不只這些，它也能抵禦與食物一同由外部入侵的有害物質及病原菌，可說是擋下所有異物的「關卡」。換句話說，腸道是人體最大的免疫器官。

雖然胃也會分泌胃酸殺菌，人體最大的免疫器官仍非小腸莫屬。腸道長度因人而異，平均來說，小腸約有六到七公尺長，相較之下，大腸僅約有一點五公尺。若將小腸攤平，表面積相當於一點五個網球場。

腸道是人類將營養吸收至體內的地方。對人體而言，當有害物質及異物入侵腸道時，將會形成重大危機。爲了不讓這種事情發生，免疫細胞才會集結在腸道之中。

淋巴球也是免疫細胞之一。全身的淋巴球中，有超過百分之七十集中在小腸。此外，全身的腫瘤免疫（專注於癌細胞的免疫）細胞中，有超過百分之八十在小腸。

這稱爲「腸道免疫」，最能代表這種免疫系統的就是培氏斑（又稱派亞氏淋巴叢，是一種組織淋巴結）。所謂的淋巴結，指的是淋巴腺分枝處的腺體，以迴腸爲中心，共有一百八十到兩百四十個淋巴結。

小腸由十二指腸、空腸及迴腸構成。迴腸位於小腸下端，占全體小腸的五分之三，主要負責吸收。空腸雖然也會吸收，但迴腸仍是最終吸收營養素的部門，培氏斑就位在這裡。

培氏斑表面的柱狀上皮細胞有一部分屬於M細胞（腸上皮細胞），能夠在此捕捉病原菌，與抗原呈遞細胞的巨噬細胞及樹突細胞起反應。

抗原呈遞就像拿著照片指出「這就是凶手的特徵」一樣，能夠指出病原菌。對此產生反應的T細胞（淋巴球的一種，在免疫反應中扮演總司令的角色）及NK細胞（natural killer cell，自然殺手細胞，是富有殺傷力的淋巴球）

得以活化，發動免疫反應。

只要上述腸道免疫活性化，就能強力提高全身的免疫力。腸道狀況一好，連感冒都不太會得，就是因爲免疫系統好好發揮作用的緣故。

人類與生俱有「自然免疫」的能力，加上後天培養的「適應性免疫」，兩者分工合作，一起對抗侵入身體的異物。

免疫力在二十歲左右來到高峰，四十歲左右已經減半，將近五十歲時一口氣衰退，進入五十歲後，身體就開始出現種種毛病了。

正因如此，我們必須好好保養身體最大的免疫器官，維持腸道健康。想要維持腸道健康，最重要的關鍵在於膳食纖維和酵素，努力增加體內益菌，調整腸道環境吧。

請提醒自己，多多攝取富含大量膳食纖維的昆布等海藻類，香菇、鴻喜菇、木耳等菇菌類，酸梅乾及納豆等發酵食品，富含寡糖的洋蔥、大蒜、牛蒡，以及高麗菜等蔬菜類。

免疫力可由排便判斷

人體最方便用來判斷自我免疫力的東西，就是糞便。簡單來說，排出好的大便，即表示腸道健康、免疫力強。反之，若大便品質不佳，就代表腸道不健康，免疫力低落。我在看診時，總是非常注意患者的糞便狀態。無論腹瀉或便祕，都是體內酵素不足的證據。

以下就來分析怎樣是狀態好的大便，怎樣又是品質不佳的大便。糞便通常百分之八十爲水分，另外百分之十是膳食纖維，剩下的百分之十則由食物殘渣、老化廢棄物和腸內菌組成。

腹瀉或便祕取決於水分的多寡。也就是說，水分一超過百分之九十，糞便形狀即無法固定，這就成了腹瀉；水分不到百分之七十則會使糞便過硬，形成便祕。

腹瀉和便祕都是異常狀況，對身體沒有好處。但若拿兩者相比，腹瀉還是比便祕好一點。

腹瀉也可視為一種「排毒」——為了盡快排出侵入體內的感冒病毒或造成食物中毒的細菌，身體反射性地用腹瀉方式排泄。話雖如此，腹瀉依然不是正常狀態，持續太久會造成脫水症狀及營養的快速流失，使身體愈來愈衰弱。

另一方面，便祕則是讓壞菌和因壞菌而生的吲哚及胺類等含氮殘留物滯留腸道，引起包括生活習慣病及某些難治重症等各種疾病。

便祕的特徵是放屁很臭。屁的主要成分為氮氣、氫氣、氧氣、二氧化碳及甲烷，原本應該幾近無味才對。放屁時若散發惡臭，表示其中含有氨（阿摩尼亞）、硫化氫、吲哚及糞臭素等成分，這些成分都是壞菌製造出來的，只要糞便裡混入百分之零點一的這些成分，瞬間就會散發臭氣。

導致臭氣的原因正是腸內腐敗。因此，甚至不用在如廁時觀察糞便，只要聞放屁的氣味，某種程度就能判斷自己免疫能力的高低。

好的大便呈現接近黃色。糞便的顏色來自膽汁中一種名叫膽紅素的物質，這種物質會隨糞便的酸鹼度而變色，糞便愈接近鹼性，顏色就愈偏黑褐色，愈接近酸性，則會呈現泛黃的橘紅色。

腸內若有較多比菲德式菌或乳酸菌等益菌，就能保持在弱酸性，糞便的顏色也比較接近黃色。然而，一旦腸道壞菌增多，腸內環境就會偏向鹼性，糞便也呈現茶褐色或黑褐色。由此可知，光看糞便的顏色，也能判斷腸內環境的酸鹼度。

排便的次數也很重要。日本人平均一天的排便量約落在一百三十公克到一百八十公克，大約相當於一根半的香蕉。而我認爲，一天最好有三百到四百公克的排便量，形狀粗粗長長，能浮在水面的糞便最爲理想。

一天最好排便兩到三次，即使排便量不多，也應該要天天排便。便祕會令壞菌在腸道內繁殖，因此一定要定期排便。

攝取生鮮蔬菜或水果等鹼性食物，腸內環境就會傾向酸性，吸收這些食物後，體液會變成弱鹼性。相反地，若總是大魚大肉或攝取過量的牛奶、香腸、火腿等酸性食物，腸道內壞菌繁殖，使腸內環境傾向鹼性，吸收食物之後體液便變成弱酸性了。每次看到這種現象，都深深感嘆人體眞的非常不可思議。

第5章

侵蝕身體！
減少酵素的飲食

肥胖者爲何短命？

症狀輕微也好，罕見重症也罷，一切疾病的原因都來自代謝酵素不足。這是酵素營養學的基本觀念，前面也一再重複許多次了。疾病都是代謝不順利所引發，代謝不順利的原因是代謝酵素不足，而造成代謝酵素不足的則是消化不良。

當消化不良嚴重到致使消化酵素不足時，代謝酵素只好暫停自己原本的新陳代謝工作，趕來支援消化酵素。這麼一來，本該進行的代謝活動受到忽略，免疫力下降，疾病就找上門了。因此，所有疾病的根本原因，可以說都來自消化不良導致的消化酵素耗費過度。

即使如此，若出動代謝酵素支援就能使消化活動順利進行的話，還算是努力有所回報，只可惜事情沒有這麼順利。就算消化酵素和代謝酵素攜手合作，也無法完全緩解消化不良的狀況。

因爲在人類的生命活動中，耗費最多能量的就是消化。一旦產生消化不良的情形，狀況是惡劣得連消化酵素與代謝酵素聯手也無力回天。結果就是發生腸內腐敗現象，出現含氮殘留物，血液變得混濁，進而導致各種疾病。

引起消化不良最大的原因，可說是「過度飲食」的壞習慣，尤其過度攝取肉、魚、蛋、奶等動物性蛋白質，會帶來很大的風險。經常過度飲食的肥胖者之所以短命，就是因爲體內酵素太快枯竭的緣故。

人類老化的三大原因

再從「老化」這個層面，嘗試探討肥胖者短命的原因吧。

關於老化的原因，可列舉「氧化壓力論」、「端粒論」以及「老化基因論」這幾種說法。

簡單來說，氧化壓力論就是指活性氧造成細胞受損而導致老化，這個說法肯定沒有問題。

端粒論則認爲細胞無法永遠持續分裂，分裂極限大約是五十次。端粒是DNA末端構造特殊的部分，爲了保護細長的染色體，有如蓋子般固定在染色體兩端，以保持基因穩定。

可是細胞每分裂一次，端粒就會縮短。縮短到一定程度後，細胞即無法再分裂，這時就是細胞壽命的終點。也因此，端粒被稱爲決定細胞壽命的「老化時鐘」。

此外，端粒本身也有稱爲端粒酶的修復酵素，這種酵素在癌細胞中活性強，使細胞有可能達到永久不斷的分裂。癌細胞之所以不斷增生，就是依靠這種酵素的力量。反之，只要能抑制這種酵素，或許就能抑制癌細胞的生長。目前世界各地都在進行相關研究，成果非常值得期待。

細胞老化和身體全面的老化有何關聯，目前還在研究階段。細胞從分裂後到新細胞下一次的分裂，週期大約是兩年多；假設細胞分裂的極限是五十次，算算約有一百二十年。端粒論據此推論，這就是人類的壽命極限。

至於老化基因論這一派的說法，則認爲老化是根據基因程式執行的結果。與長壽相關的基因可大致分爲兩類：一是促進老化的基因，另一則是延長壽命的基因。

前者稱爲Daf-2基因，於一九九三由加州大學的辛西婭・凱尼恩（Cynthia Kenyon）教授發現。根據她的研究，只要抑制Daf-2基因，就能抑制老化。

後者稱爲Sir-2基因，是李奧納多・葛蘭特（Leonard Guarente）於一九九一年發現，又稱爲長壽基因，是一種廣爲人知的基因。近年來，這種基因「於空腹狀態下活性化」的特色蔚爲話題，應該有不少人聽聞過。

肥胖者短命的原因，從這三種論點都能得到說明。首先，肥胖者的細胞本身便較鼓脹，其中充滿危害身體的活性氧。所謂細胞便祕的說法，指的就是這種受到強烈氧化壓力的狀態。

其次，人一旦肥胖，端粒變短的速度會比平常快上十倍。由前面提到的理論可知，長壽基因在飽腹狀態下無法得到活性化。

但我認爲這三種原因並非老化的根本原因，只不過是一部分的現象罷了。氧化也好，端粒、基因也罷，全都跟酵素有密不可分的關係。換句話說，我認爲老化最大的原因跟酵素有關。

人一生只會擁有固定數量的酵素，酵素慢慢流失，身體就慢慢老化，當酵素用盡，生命也走到了盡頭。因此，絕對必須避免酵素的浪費。

除了過度飲食之外，還有其他造成酵素大量消耗的生活方式，以下將依序說明。

少量攝取動物性食物的必要性

如同第三章內容所說，只吃加熱過的食物，不吃生食的飲食生活有損健康，是因爲這樣無法發揮食物酵素的力量。

只要加熱超過攝氏四十八度，食物中的酵素就會失去活性。不從體外補充酵素，食物本身又無法進行預消化，體內的消化酵素只好火力全開地工作，這麼一來，連代謝酵素都會受到波及。因此，在飲食中加入生菜、水果以補充酵素，確實不可或缺。不過，我也不建議完全吃生食。第三章提過，生食與加熱食品最理想的比例是六比四（或是五比五也可以）。比方說，只要生的蔬菜吃多一點，同時還是能吃煮過或炒過的蔬菜。

一日所需能量中，蔬菜和水果的攝取量最好能占較高的比例。不過人類光吃生菜、水果也不行，蔬菜、水果占百分之八十，剩下百分之二十仍需要攝取肉、魚等其他食材，原因在第三章已說明，這裡想從另一個角度來解釋。

人類血液中有一種叫「同半胱胺酸」的含硫胺基酸。肝臟生成蛋白質時會產生這種胺基酸，但若產生過多，就會製造大量的活性氧，增加體內的過氧化脂質。如此一來，將觸動體內的免疫機關，白血球上場因應。然而，當過氧化脂質太多時，白血球也會氧化，附著在動脈壁上，促進動脈硬化的發生。大家都知道，動脈硬化是心肌梗塞及腦梗塞的一大原因。

近年的研究認爲，同半胱胺酸的累積不僅會引起心肌梗塞和腦梗塞，與糖尿病、阿茲海默症的發病也有關連。

同半胱胺酸這種毒素會隨著年齡增長而增加。此外，像是抽菸、藥物等受歐美同化的飲食生活，也會促使同半胱胺酸增加。

想抑制同半胱胺酸，需要能將同半胱胺酸轉化爲別種胺基酸的維生素B_{12}和維生素B_6及葉酸，請多攝取富含這些營養素的食物。

豬肝、蛤蜊、牡蠣、秋刀魚等青皮魚，都是富含上述營養素的食物。雖是動物性食物，只要少量攝取，對健康仍有益處。

早上最好輕食

自然衛生（Natural Hygiene），是一種號稱「奠基於自然法則的生命科學理論」，源自於美國的健康理論，將一天二十四小時分成三大生理時鐘。

酵素營養學也採用這個理論，以下便是三個生理時鐘的內容：

一、早上四點到正午十二點＝「排泄」的時間；

二、正午十二點到晚上八點＝「營養補給與消化」的時間；

三、晚上八點到早上四點＝「吸收與代謝」的時間。

首先針對早晨的生理時鐘做說明。人在就寢期間也會流汗，早上睡醒時，經常發現內衣褲是汗濕的狀態，這代表睡覺時身體仍在進行排泄（排汗）。

睡醒後第一件事情是排尿，再過一會兒也會排便。換句話說，人類在上

人體的生理時鐘

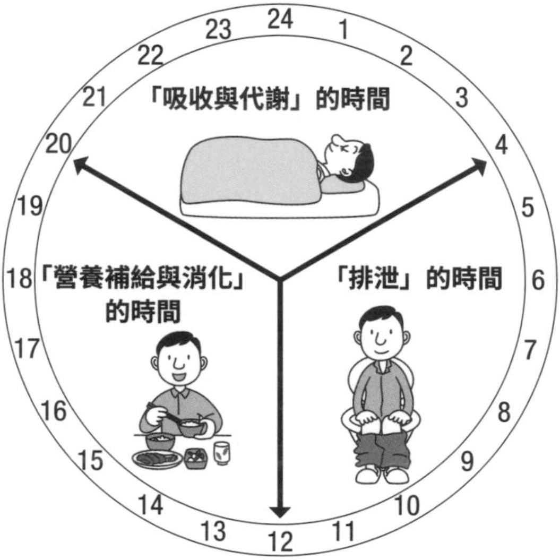

午時段已進行排汗、排尿與排便的三大排泄行爲。

透過三大排泄，將體內累積的毒素及老化無用的廢棄物排出，得以淨化身體。早上進行毒素排泄的這段時間，所有內臟器官都還處於半睡半醒的狀態。

這時體內的酵素活動也還不太活躍，儘管排泄所需的代謝酵素會在這個時段工作，消化酵素卻還在休養生息。因此，若在這個時段吃太多固體食物，或是需要花較多時間消化的飲食，就會破壞身體的節奏。原本還在休息的胃，忽然被迫火力全開地消化食物，加熱過的食物更會耗費掉大量的消化酵素。

早餐只要吃生菜、水果就夠了。早餐的英語是breakfast，也就是打破（break）晚上的輕斷食（fast）。才剛結束斷食就吃造成身體太大負擔的食物，這可不是一件好事。

吃完就睡爲何對身體不好？

「營養補給與消化」的時間過後，晚上八點到早上四點，就進入了「吸收與代謝」的時間。這是用來將吸收的營養素代謝的時段，不是用來攝取食物的時間。

如果在這段時間吃東西，酵素將劇烈消耗，來不及展開代謝活動，身體就容易生病。所以，晚上太晚用餐違反健康原則。

還有，吃完就睡也是個問題。以前有句諺語說「吃完馬上睡會變成牛」，這句話本來是指吃完就睡規矩不好，但從醫學的觀點來看，也說得很正確。

人們入睡後，消化酵素也會靜靜休息。然而，一吃完東西就睡，原本可以好好休息的酵素就非得活動不可，此時的消化酵素活力很差，無法徹底消化食物，營養素也難以分解，不但白白浪費了酵素，對消化器官來說也很折騰。

不僅如此，還會因此產生萬惡根源的「消化不良」。消化不良是引起腸胃發炎的原因，也會導致第四章介紹過的「腸漏症候群」。

再用一句俗諺來形容太晚用餐和吃完就睡的壞習慣——「吃完馬上睡，會變成病豬。」意思就是吃完東西馬上睡覺，不但會生病，還會發胖。

砂糖所引起的危害比肥胖更可怕

特別愛吃甜點、冰淇淋、麵包等甜食的不僅限於女性，也有很多這樣的男性。然而，這種飲食習慣正是造成體內酵素缺乏的原因之一。甜食的原料砂糖（蔗糖）在製造過程中，使用化學藥劑去除雜質和漂白。不僅如此，爲了營造砂糖特有的沙沙口感，還拿掉了原有的天然營養成分。吃下這樣的砂糖，會帶給消化活動很大的負擔。

砂糖的成分也很有問題。蔗糖是由葡萄糖和果糖結合而成的雙醣類，葡萄糖和果糖分別都是單糖，對人類來說也都是很重要的營養素。可是，當這兩種單糖結合爲蔗糖時，問題可就大了。

這兩種單糖的分子一旦結合，就會牢牢地合在一起，得花很長時間才分得開。就連酵素和鹽酸（胃酸）都很難將它們分開，甚至有報告指出蔗糖進入胃部後，經過六小時仍沒有分解爲單糖。

由此可見，消化蔗糖必須耗費相當大量的分解酵素，蔗糖可說是強力的酵素阻礙劑。

除了耗費酵素之外，蔗糖還有個大問題，就是會使腸內環境惡化。未消化完全，殘留在腸道內的蔗糖是壞菌及真菌（黴菌）的營養來源，容易造成壞菌和真菌的繁殖。

這麼一來，益菌相對減少，腸內發生腐敗現象，製造出有害物質的含氮殘留物。血液變得混濁，進而引發各種疾病。此外，過量攝取蔗糖還會產生活性氧，讓皮膚長出黑斑、皺紋。

難以抗拒甜點的誘惑，情不自禁地吃下肚，將造成比肥胖更恐怖的後果。

在日本「逍遙法外」的反式脂肪酸

接下來要說明的是，對身體不好、對健康有害的油脂。

首先一定要提的，就是這幾年在世上廣受討論的反式脂肪酸（含有反式脂肪酸的脂肪就稱爲反式脂肪）。天然植物油裡幾乎不含這種脂肪酸。在液狀的不飽和脂肪酸中添加氫使其凝固，反式脂肪酸就產生於這個氫化程序中。

反式脂肪酸被用來製造人造奶油、起酥油及奶油抹醬（人造奶油的一種）等油脂。美國紐約州法律已禁止將反式脂肪酸用在食品中，但截至目前，反式脂肪酸在日本依然「逍遙法外」。

有個「人造奶油大實驗」的故事，很能展現反式脂肪酸的可怕。做這個實驗的人，是美國一位自然派運動家、本身也經營自然食品店的佛雷特羅。他從一個從事食品加工業的常客那裡聽聞人造奶油的可怕事蹟，爲了證實對方說的話，便將一塊人造奶油放在窗邊曝曬兩年半。

沒想到,這塊人造奶油無論經過多久也不氧化、不發霉,甚至連一隻小蟲子都沒靠近。佛雷特羅說:「那根本就是一塊塑膠!」

用塑膠來形容眞是一絕。反式脂肪酸在人體內完全無法代謝,但攝取進入人體後仍會形成細胞膜。這麼一來,細胞內液的滲透性和細胞內部的生化構造因而失控,提高罹患糖尿病、荷爾蒙異常及肝功能障礙等疾病的風險,也可能導致任何類型的癌症。

漢堡、炸雞等速食,點心餅乾類及洋芋片零食、吐司麵包……放眼望去,到處都有加入反式脂肪的食品。

美國的醫學研究所報告斷言「反式脂肪酸沒有安全攝取量」。這意思就是說,反式脂肪酸沒有「只要攝取多少量以下就沒問題」的安全界線。

第二種對身體不好的油脂,是過量攝取的亞油酸。亞油酸屬於不飽和脂肪酸中的Omega-6脂肪酸之一,和之後會再提到的「好油」α-亞麻酸一樣,都是人體無法自行製造的必需脂肪酸。

過去曾將亞油酸視爲對身體有益處的東西,不過若攝取過量,製造太多花生四烯酸，就會增加容易引起發炎的物質（炎症介質），或產生血小板凝集、血管短小化等作用。

這些都是腦中風、心臟病和癌症的成因，也會加速老化，或對過敏等免疫相關疾病造成很大的影響。

但也因爲是必需脂肪酸，只要適量攝取，亞油酸仍是對身體有益的好油。問題是，幾乎所有我們吃進嘴裡的食物都含有亞油酸，很容易在不知不覺中過量攝取。

以吃下兩百公克的炸天婦羅爲例，假設使用的是紅花油，考慮到麵衣的吸油率，攝取到的亞油酸大約是一千五百毫克。人體一日所需的亞油酸攝取量只有一千毫克，光是吃下兩百公克天婦羅就微超標了。

不僅天婦羅，我們身邊充滿了富含亞油酸的食品。洋芋片等零食、人造奶油、美乃滋、沙拉醬、泡麵、蛋糕、麵包、冰淇淋……種類多到數也數不清。

此外，黃豆、大麥和米等穀物中也含有很多亞油酸，在我們沒有察覺之下，身體已經攝取了大量的亞油酸，甚至有數據指出攝取的是所需份量的十倍。政府修改營養政策固然是當務之急，每個人也該自己做好飲食控管，注意不要攝取過量。

順帶一提，如果亞油酸和α-亞麻酸的攝取比例差不多就不會產生疾病（也有另一個說法是四比一）。然而，從現狀看來，亞油酸的攝取量根本已經是α-亞麻酸的十倍、甚至數十倍了。

增加攝取對身體有益的α-亞麻酸當然也很重要，當務之急還是應該先減少攝取對身體有害的東西。比方說，看到食品標示上有「植物性油脂」、「植物性食用油」時，最好想成裡面含有反式脂肪酸或亞油酸，避免攝取就是一種因應。

吃好東西是一種保健方式，避免吃壞東西的保健方法也很重要。這或許才是守護健康的捷徑。

油質左右你的健康

再來談談什麼是對身體有益的油吧。油（脂質）比其他營養素耗費更多消化時間，熱量又高，因此總撇不掉「吃了容易發胖」、「對身體不好」的壞印象。然而，脂質絕對不是「壞角色」。

細胞膜的百分之七十由脂質構成，大腦的百分之六十也是脂質，要是沒有脂肪，全身細胞都無法存在，大腦也不能發揮機能了。不只如此，要是沒有脂肪，體溫難以維持，調節身體各種機能的荷爾蒙前列腺素也製造不出來。此外，脂溶性維生素（A、D、E、K）也將無法在體內運送和吸收。

可見脂肪非常重要，也才會被列入三大營養素之一。只是油的品質好壞大大影響健康，這又是另一個不爭的事實。

第三章提過，住在北極圈的因努伊特人幾乎只吃生肉，卻依然能維持健康的身體，尤其是心血管方面的疾病，幾乎很少出現在因努伊特人身上。

其中的祕訣，就在於他們吃的海豹等海獸肉以及鯖魚、沙丁魚等青皮魚的油脂，這些食物裡富含能讓血液保持清澈的 EPA（二十碳五烯酸）與 DHA（二十二碳六烯酸）等脂肪酸。EPA 和 DHA 都屬於不飽和脂肪酸中的 Omega-3 脂肪酸。

對身體好的植物油，則有和 EPA 一樣同屬 Omega-3 脂肪酸的 α - 亞麻酸。亞麻仁油、荏胡麻油、紫蘇油等都富含 α - 亞麻酸，這些油脂不耐高溫，食用的重點是不要加熱，最好用來製造沙拉醬或當沾醬，直接食用。

加熱烹調的食物要選擇不容易氧化的麻油、菜籽油。此外，加熱也能直接吃的玄米油也屬於不容易氧化的油。

還有一件很重要的事，任何油脂都一樣，只要用過一次就該丟掉，不重複使用。

固體食物如杏仁、核桃、開心果等堅果類也含有少量油脂，能做爲身體補充好油的來源。

提到油，一併談談和脂肪有關的酵素吧。二〇一一年，研究發現俗稱「世界最沒營養蔬菜」的小黃瓜中，其實含有一種叫磷脂酶的脂肪分解酵素。

這種新型脂肪分解酵素比過去的脂肪分解酵素更強力，具有使血液清澈、保暖身體的優點。將小黃瓜磨成泥後，這種酵素會增加得更多。喜歡吃油膩食物的人，不妨多吃點小黃瓜，磨成泥來吃更好。

小心食用粉末狀食品

前面已經說明什麼是「有害健康的壞油」，什麼是「守護健康的好油」，可是「再好的油」，只要放得太久，隨著時間的經過而氧化，那就絕對不能吃。攝取氧化的油脂，血液中會產生過氧化脂質，這是老化的元凶，還有可能引發動脈硬化等疾病。腸道變得不乾淨，需要耗費大量酵素來消化。

即使是能讓血液清澈的 α - 亞麻酸等 Omega-3 脂肪酸，或是亞油酸等 Omega-6 脂肪酸，都會隨著時間的經過很快氧化，食用時需要多加注意。用過一次的油最好立刻丟棄，不再使用比較好。

除了油，我們周邊還有不少容易氧化的食物，其中特別需要注意「磨成粉」的食品，例如用糙米或杏仁等油脂豐富的食物磨成的粉，或是用這些粉末加水做成泥狀的食物，吃進肚子等於吃下一整個氧化大本營。

小魚乾是動物性油脂豐富的食物，不能因為富含鈣質就把小魚乾磨成粉來吃。要知道，多數食物一旦接觸到空氣就會氧化。咖啡豆也是一樣，保存方法非常重要，磨成粉後一定要密封保存。

蔬果的種籽不宜吃

連秦始皇都希望自己長生不老，只是最終仍無法實現。怎麼可能有不老又不死的生命呢？一定沒有人不這麼想吧？不過世上還眞有一個不老不死的東西，那就是種籽。只要符合某種條件，種籽甚至擁有無限的生命。

種籽來到這世上最重要的目的，就是有朝一日抽出新芽。對植物來說，種籽肩負傳宗接代的重要使命，要是一年到頭都在發芽，這類物種將會滅亡。因此，種籽內存在著只在一定條件下才促使發芽的物質，在達到目的前，這種物質都會對種籽起著強烈的保護作用。

這種物質就是糙米、紅豆或黃豆中含有的離層素或胰蛋白酶抑制劑等「酵素阻礙物質」。

只有在某個季節到來，達到某種溫度和濕度的時候，酵素阻礙物質的機能才會喪失，令種籽發芽。植物發芽、開花之後，種籽的生命也走到了盡頭。

但是，只要發芽的條件沒有齊全，種籽就能永遠保持生命。

一吃下生的種籽，其中內含的這種酵素阻礙物質發揮作用，將會大量消耗人體的體內酵素——以呑下一枚十圓硬幣打比方，一旦呑下十圓硬幣，直到排出體外爲止，身體都會爲了試圖消化它而耗費大量酵素。

前來我診所求診的患者中，有一位胰臟癌病患，是個二十多歲的年輕女性。在談話中，我發現她罹癌的可能原因。

她的老家是知名葡萄產地，從小到大吃了很多葡萄。問題在於，她總是連葡萄籽一起吃下去，因此我認爲是長期分泌消化酵素的胰臟筋疲力盡，最終罹患了癌症。生種籽內藏的酵素阻礙物質就是這麼可怕。

西瓜籽、葡萄籽、柿籽、橘子籽……這些種籽都絕對不能生吃。不過也有例外，草莓、小黃瓜、奇異果、番茄、茄子和秋葵等蔬果的種籽很小，吃了也不要緊。

吃糙米好不好？

近年來，糙米是健康風潮中的主流食物。關於糙米，我也想試著說說自己考察後的見解。我的看法是，說不定日本人其實從來沒有把糙米當作日常主食過。理由如下：

過去，日本有超過百分之九十的人口是農民等受上流階級支配的底層階級，平常只能吃雜穀飯。這種雜穀飯中只放了一點點白米（有時甚至根本沒有放），加上粟、稗、稷之類的雜穀，再混入白蘿蔔等根莖蔬菜的葉子增量。為了應付沉重的年貢，就算只是糙米，一般平民也少有能力吃得起。

而少數的上流階級也不會吃糙米，他們吃的應該是用糙米精製而成的白米。平安時代的美女都有張鼓脹的臉，我在想，那或許是缺乏維生素B_1而產生的腳氣病症狀。

或許他們也曾試過吃一點糙米。可是糙米不好吃，消化又差，會讓身體不舒服，還不如吃美味又好消化的白米。江戶時代，精製白米的技術出現很大的進步，不過在那之前，日本早已經有研磨糙米的技術了。因此，少數上流階級吃的應該都是白米。

這麼一想，稻米傳入日本後的兩千三百年來，糙米或許從來不是日本人日常主食的選項。糙米在現代日本之所以這麼普遍，應該和壓力鍋的普及有關。現在糙米受人們歡迎的原因，是因爲它的營養價值比白米高。

但這只是比較出來的營養價值。若不是白米的營養價值實在低得誇張，糙米本身的營養價值說來也很偏頗，不但沒有維生素A、C、B_{12}，連鈣質和鐵質含量都不多，維生素D與K的含量也沒有多少。膳食纖維只有百分之三，雖然比植物多，仍遠不如海藻。最重要的是，糙米也是「種籽」。聽說有一種將生糙米磨粉來吃的療法，我認爲這麼吃實在很危險。

糙米含有名爲離層素（ABA）的荷爾蒙，也就是前面提過的酵素阻礙物質。這種物質很難消除，吃糙米、紅豆、黃豆時，如果不先把離層素消除再吃，就會中毒。這件事很重要，希望大家都能記住。

消除離層素的方法有三種。一、泡水超過十二小時；二、遠紅外線焙煎或用平底鍋乾煎；三、發酵。

一泡水，是透過泡水使種子進入發芽狀態（如此一來，酵素阻礙物質就會消失）。可以的話，最好泡上三天，但至少泡十二小時就沒問題了。二焙煎方法，一般人在家中很難執行，只能在購買市售商品時注意是否經過焙煎。請選擇徹底焙煎過的商品。

另外，列出精米的比例給大家參考。三分精米仍殘留相當多的離層素，五分精米大約剩下百分之三十的離層素，七分精米還剩下一點點離層素，八分精米幾乎沒有離層素殘留，白米、胚芽米上的離層素則已完全消除。

稗、粟等雜糧中雖也含有酵素阻礙物質，和糙米相比之下少得可憐，沒有必要在意。再稍作提醒，糙米可以用電鍋、砂鍋或較厚的鍋子炊煮，但絕對不能用壓力鍋。這是因爲在高溫中一口氣炊煮，會讓糙米產生「丙烯醯胺」的致癌物。糙米成分中的蛋白質和糖分起的梅納反應（焦糖化）形成了丙烯醯胺。

這麼看來，糙米眞的都不能吃嗎？下一節會再敘述。

去除糙米毒素的方法

剛才提過糙米本身的營養價值其實很偏頗。即使如此，它仍擁有足以彌補這個缺點的長處，那就是糙米的熱量非常高。糙米是「夏草」，和小麥或稗、粟等雜糧相比，糙米充滿更多熱量，這方面的營養價值要高多了。

只不過，就像前一節也提過的，糙米的問題還是很多。糙米不好煮，一個沒拿捏好，煮出的成品就是天國和地獄的差別。此外，還得採用避免攝取到糙米內「毒素」（酵素阻礙物質）的烹調方式才行。

以下便將對身體健康有益的鶴見式正確糙米烹調方式介紹給大家。

請先準備一到兩合（一合約相當於一百八十克）的糙米，兩到三小匙的十穀米，一點鹿尾菜乾，一塊八到十四公分見方的昆布（切成細條狀），寒天粉一到兩公克，一朵乾香菇（切成細絲），削皮切成細絲的牛蒡與少許生紅豆，還有一到兩顆酸梅乾。

含有丙烯醯胺的食物

洋芋片	3544～467
花林糖（寸棗）	1895～84
炸薯條	784～512
焙茶	567～519
玉米點心餅	535～117
餅乾類	302～53
咖啡	231～151
油炸食物的麵衣	53～未檢驗出
綠茶、麵包、煎蛋	未滿30

※每 1Kg的含有量（單位為毫克）
（引用自國立醫藥品食品衛生研究所調查資料）

將這些食材全部混在一起，加入米糠或鹽麴（用來讓食材發酵），泡水至少十二小時後，放入電鍋炊煮。這時不要倒出浸泡過的水，要連這些水一起炊煮。額外切點番薯簽、蔥末和蘿蔔乾絲，放進去一起煮也行。

雖然泡了超過十二小時的水，食材裡包含抗氧化物的酸梅乾，所以不用擔心氧化。此外，拜米糠或鹽麴等發酵物之賜，糙米得以進行預消化，炊煮前已經消化了一定程度。因此，即使是難消化的糙米，攝取後在體內也能消化得十分順暢。

昆布等海藻類是短鏈脂肪酸的食物，同時富含對腸道健康有益的膳食纖維，和這些東西一起煮，就能煮出最棒的糙米飯了。

藥物會阻礙酵素作用

感冒時，有人會到醫院請醫生開處方箋，應該也有人會在藥房買市售退燒藥來吃吧。

然而不只退燒止痛藥，所有西洋醫療使用的藥物，對人類身體而言都是「異物」。以純粹的化學構造製成的化學藥劑，是人體未曾經歷過的物質，再怎麼樣都會成爲酵素阻礙劑。

藥物等酵素阻礙劑，因爲和酵素的受質很像，會跟酵素結合，使酵素失去活性。因此，體內酵素會大幅減少，身體逐漸衰弱。不僅如此，這些酵素阻礙劑還會妨礙營養素及礦物質的消化及吸收。

一旦長期服藥，因疾病而增多的腸道壞菌與病毒會更加繁殖，不只拖延病情，還會引發其他疾病。人類的身體，本該是被設計成無法接受自然界不存在的東西。

這樣一來，該怎麼辦才好？其實感冒時就任由它發燒，讓身體與生俱來的免疫力擊退體內病原菌，這是最好的方法了。人體之所以發燒，是因爲免疫細胞正和病毒奮戰，這時若硬是吃藥退燒，會讓身體失去靠自己戰鬥的能力。

令人痛苦的鼻水和咳嗽，也都是爲了排除體內的病毒。碰上緊急狀況吃藥雖是不得已，仍希望大家能夠明白，藥物充其量只是用來緩解症狀，無法根治疾病。

腸內菌的酵素不只益菌有，壞菌也有。壞菌的酵素會招致疾病或使其惡化。西藥既然是酵素阻礙劑，或許可想成是西藥阻礙了壞菌中的酵素作用。當然，這個看法還只是在假設階段。

只是，就算西藥眞能有效阻礙壞菌中的酵素，同時也會連益菌一起阻礙，造成身體的損失。長期服藥還是很危險。

我們生活周遭充滿酵素阻礙劑，摻入食品或添加物裡的鉛或汞等重金屬也是酵素阻礙劑的一種。鉛會阻礙氨基乙醯丙酸脫水酵素（用來合成血紅素的前體血基質），造成貧血，汞會阻礙細胞膜的鈉／鉀離子ＡＴＰ酶，致使細胞缺乏能量。

接下來，第六章將爲大家介紹維持「體內儲存的潛在酵素」不減少的方法。

第6章

這樣做很簡單！
攝取酵素的方法

生病時的飲食選擇

第五章也提過，所有人類生命活動中，最耗費能量的就是消化活動。將一天分爲三個生理時鐘的「自然衛生」理論引進日本的松田麻美子女士曾說：「用來消化一天三餐的能量，幾乎相當於跑一場全程馬拉松耗費的能量。」

人類吃太多的時候，記憶力會變差，腳尖和後頸也會發冷，這是因爲血液往腸胃集中，難以循環到其他部位的緣故。因此，多吃蔬菜、水果等不會造成消化負擔的食物，才是通往健康的捷徑。

生病的人尤其如此，身體肯定也會這麼要求才對——「我正在對抗疾病，代謝酵素已經夠忙了，請別再隨便浪費消化酵素了吧。」

然而，我們從小到大聽聞的卻是「生病時體力容易流失，要多補充營養才行。爲了培養體力，就算勉強自己也得進食」的說法。事實上，這麼做只會造成反效果。

看看野生動物就知道了。身體狀況不好的時候，動物什麼都不吃，只會靜靜待在一個地方，用斷食的方式保留體內消化酵素，提高代謝酵素活性。動物本能知道可以靠這個方法自癒。

我們最好也向野生動物學習。生病的時候，就算要進食，也要選擇不給消化器官造成負擔的食物。

少食與長壽關係的實證

第五章曾針對「消化不良有哪些風險」做說明，也知道了那些都是代謝酵素無法發揮原本作用時引起的問題。既然如此，只要爲身體打造一個能讓代謝酵素好好發揮作用的機制就好。最適當的作法，就是少吃。

近年來，已有不少書籍介紹「少吃」與「長壽」之間的關係，也引起廣泛的討論。其實，這個理論早在八十多年前就已存在。

一九三五年，美國康乃爾大學營養學家克萊布·馬可博士發表了一個研究結果。他把餵食給實驗鼠的飼料熱量減少至百分之六十五，結果實驗鼠的平均壽命延長將近兩倍。

到了一九八〇年代後半，「控制熱量能延長壽命」的理論，在生物學、免疫學、醫學及營養學等不同領域的研究中都獲得證實。

其中，美國威斯康辛大學從一九八〇年代開始，用獼猴進行一個長達將近二十年的知名實驗。以下簡單介紹實驗內容。

研究團隊將獼猴分成兩組，第一組餵食普通飼料，第二組餵食不減少維生素等營養，只將熱量降低百分之三十的飼料，進行比較研究。結果發現，第一組的獼猴長了白髮，臉上皺紋加深，外表出現顯著老化狀態。第二組的獼猴則保持苗條體型，動作靈活俐落，臉上看不出皺紋，體態也沒有彎腰駝背。

在日本，也有個出現在企鵝身上的類似案例。一般來說，企鵝壽命約為十八到二十歲，但長崎企鵝水族館（位於長崎縣）的企鵝銀吉於二〇〇二年過世時，已經在水族館生活了三十九年九個月又十五天，而且牠是從南冰洋來到水族館的企鵝，若加上南冰洋的歲月，推測年紀應該超過四十一歲了。

銀吉的女兒佩佩於二〇一二年八月過世，整整活了三十四歲，以企鵝來說算是非常長壽。水族館內的其他企鵝也都體力充沛，看起來應該會很長壽。

為什麼這間水族館飼養的企鵝會這麼長壽呢？關鍵果然還是出在飲食習慣。這裡和其他水族館一樣，給企鵝吃竹莢魚或沙丁魚等小魚當飼料，只不過每餵食六天，就會讓企鵝們斷食一天。

或許正是這種讓消化器官休養生息，避免酵素浪費的餵食習慣，企鵝們因而活得長壽。銀吉的壽命若換算成人類年齡，將近一百五十歲。這個道理也完全適用於人類。有關斷食的效果，後面將正式爲大家介紹。

一天兩餐身體變健康

日本有「飯吃八分飽，不用看醫生」、「愛吃也要顧腸胃」等俗諺，從以前就很清楚暴飲暴食的可怕。

「八分飽」是貝原益軒在《養生訓》中所提及。他是江戶時代初期的人，那時人們吃的飯菜大多是一湯一菜或一湯兩菜的簡樸料理，和現代人吃的東西相比，無論質量都有很大的不同。以現代人的食量來看，我認為當時每餐差不多都只吃七分或六分飽吧。

人類原本是一天吃兩餐的動物。除了日本，亞洲各地和歐洲的人們，都有很長一段時間過著一天吃兩餐的生活。在日本的都會區，一日三餐的習慣差不多到江戶時代中期之後才普及，農村的人們更是要等到明治時代之後才習慣一天吃三餐。

就連「自然衛生」理論的生理時鐘也顯示早晨是「排泄」的時間，不用吃東西也沒關係。

晚上七、八點吃過晚餐，到隔天中午前都沒吃東西的話，消化管道將能休息十六到十七小時。讓消化管道休息的意義和重要性，前面已經提過很多次了。若無論如何都想吃早餐，只吃富含酵素的生菜、水果就夠了，這樣的食物也有助於排泄。

每個人一天所需的熱量，依性別、工作內容和年齡而各有差異。平均來說，我認爲最好把一天攝取的熱量控制在一千兩百五十至一千六百五十大卡。不過也不用計算得太精準，只要提醒自己吃六分或七分飽就行了。

即使控制熱量的攝取，還是要好好攝取養分。因此，食用以下三種東西就很重要了。

一、Plant Food，吃植物性膳食。

二、Whole Food，吃完整的食物；蔬菜從葉到根都吃，魚則是連魚頭、魚尾都吃；完整攝取食材本身的營養。但有一點需要特別注意，也就是第五章提過的，唯有「生的種籽」請一定要避免食用。

三、**Raw Food**，也就是生食。生食最大的好處，當然是能攝取到酵素。

吃東西的順序也很重要。用餐時，請從生菜沙拉開始吃；生菜、水果含有許多酵素，又有預消化的作用，吃下後消化速度快，大概三十分鐘就能通過胃部。所以先吃生菜、水果，整條相通的消化道才不會「塞車」，能夠順暢地進行消化。

先吃下肚的生鮮食材酵素，還能爲後吃的動物性食品發揮預消化的作用。重要的是，用餐時提醒自己讓酵素源源不斷地進入體內。下一章節將具體說明攝取酵素的方法。

攝取酵素的方法①果汁

為了攝取酵素而吃生食，最好的方法就是喝果汁。

用新鮮蔬菜、水果製成的果汁，含有酵素、抗氧化物質、植生素、維生素、礦物質、Omega-3 脂肪酸和醣類（碳水化合物）等，能夠促進身體機能的各種營養素。

如果不是新鮮現榨的果汁，就無法期待這些營養素發揮效果。此外，果汁機的選擇也很重要，高速果汁機因刀片旋轉時摩擦生熱，容易使果汁氧化。建議最好選擇降低摩擦熱能的低速果汁機。

飲用上也必須注意如下事項：

一、**空腹（空胃）的時候喝**

胃內沒有其他食物時喝，消化得比較好，吸收也更順暢。

二、用細嚼慢嚥的方式喝

不要一口氣喝下，要讓果汁與唾液充分混合後再喝下，因爲唾液的酵素有助於消化。

三、膳食纖維也要一併攝取

用低速果汁機榨汁時，通常會將榨剩的果渣（膳食纖維）過濾出來。但是喝的時候，請連這些膳食纖維一起攝取——可以混在果汁裡面喝，也可以在果渣上淋沙拉醬吃。

四、不只果汁，還要加入蔬菜

第四章已說明膳食纖維的重要性之一，是防止血糖急速上升。尤其是肥胖者或糖尿病患，請多喝蔬菜汁。

攝取酵素的方法②磨成泥

蔬菜及水果本就含有豐富酵素，若還想增加酵素的量，那就磨成泥吧。直接吃蔬菜、水果，只攝取得到其細胞外部的酵素，細胞內的酵素會在沒有吸收的狀態下排出體外。

如果將食物磨成泥，破壞細胞膜後，原本封閉其中的酵素大量流出，能攝取到原本的二至三倍，有些食材甚至可以攝取到三倍以上。不只如此，磨成泥後更有助於消化，完全不會浪費體內的消化酵素，真可說是一舉兩得。

蔬果的皮含有大量酵素，吃的時候不要削皮，效果更好。所以，請選擇無農藥或低農藥栽培的新鮮蔬菜、水果。

適合磨成泥的食材，水果類有蘋果，蔬菜類則是白蘿蔔。民間療法中，小孩吃壞肚子或感冒時，經常都會讓孩子吃蘋果泥；吃壞肚子的時候，則是吃白蘿蔔泥。這些都是符合營養邏輯的生活智慧。

此外，像是山藥、紅蘿蔔、生薑、芹菜、蕪菁、蒜頭、蓮藕、洋蔥等，也十分建議磨成泥食用。

前面提過，近年發現小黃瓜中含有大量脂肪分解酵素「磷脂酶」。吃油膩食物時，不妨搭配小黃瓜泥，或用小黃瓜沾點醬油或烏醋來吃也不錯。

爲了促進酵素的活性，磨蔬果泥的工具最好選擇金屬製品。還有，別忘了「生的東西易氧化」的定律，磨成泥之後不可放置太久，最好馬上吃掉。

攝取酵素的方法③發酵食品

儘管不是生食，發酵食品卻是最適合用來補充酵素的食品。一如字面所示，發酵就是「發出酵素」，發酵食品是藉由微生物使食材發酵的食物。

味噌、納豆、醬油、醋、醃菜等，都是日本具有代表性的發酵食品。甚至有一個說法，認為日本人之所以這麼長壽，是因為常吃醃菜的緣故。日本人的飲食生活和發酵食品有著密不可分的關係。

其中，納豆更是令日本傲視全球的健康食品。在納豆的發酵過程中，除了產生澱粉酶、蛋白酶和脂肪酶外，最厲害的是產生來自納豆菌的蛋白質分解酵素——納豆激酶。納豆激酶黏黏的成分能溶解腦梗塞及心肌梗塞的元凶「血栓」。吃納豆時，如果想攝取更多酵素，祕訣就在於攪拌均勻，製造更多含有豐富納豆激酶的黏液。

近年研究也發現納豆中含有名為溶菌酶的病原體溶解酵素。溶菌酶是一種位於蛋殼內側的酵素，具有強大的抗菌作用。正因蛋殼內有這種酵素，蛋才不容易腐敗，而納豆中竟然含有比蛋殼更多的溶菌酶。

韓國泡菜、德國酸菜（醋漬高麗菜）和歐洲的起司及優格，都是各國具有代表性的發酵食品，也是很好的酵素補助食品。

第三章介紹過，住在北極圈的因努伊特人健康的祕密在於「生食的力量」，除此之外，還有一樣東西也很重要，那就是「發酵食品」。

因努伊特人不光只吃生肉，他們還會把捕獲的海獸、海鳥及魚類放在萬年不融的雪裡，過一段時間後才取出來吃。這麼一來，肉會進入稍微開始腐爛的發酵狀態，其中所含的蛋白質分解酵素組織蛋白酶增加，將蛋白質轉變為接近胺基酸的狀態，非常容易消化。

這種兼具冷藏保存，又能避免浪費體內酵素的方法，就是因努伊特人健康的祕訣。事實上，這種肉的味道也很鮮美，曾在北極圈旅行的美國探險家巴托雷特在著作中提到「冷凍過的魚肉與馴鹿肉非常美味」。

日本人常吃的魚料理也適用同樣的法則。最好消化的魚肉料理是生魚片，第二好消化的是西京漬和味噌漬（譯注：西京漬也是使用味噌醃漬）等發酵食品。無論西京漬或味噌漬，由於經過預消化的關係，分子已經分解得很小，吃下後很快就能消化。第三好消化的食物，則是煮魚或烤魚。

這個排序，可說是按照食品中酵素含量多寡來排出的。

攝取酵素的方法④細嚼慢嚥

很多人都會把「要吃有營養的東西」掛在嘴上。可是，重要的不是吃了多少有營養的食物，而是身體消化、吸收、利用了多少營養。

正如第四章介紹的文豪大仲馬名言，「人不是靠吃下的東西存活，而是靠消化的東西存活」。當然，我們應該要攝取營養價值高的食物。但如果不能從食物中攝取最大限度的營養，吃再多營養價值高的食物也是白搭。

想要有效率地引出食物中的營養，最簡單的方法就是「細細咀嚼」。徹底的咀嚼能讓食物變得細碎，有助於消化。消化始於食物進入口中、分泌唾液的那一刻，細嚼慢嚥，花時間咀嚼食物，能使唾液分泌更多唾液澱粉酶來分解碳水化合物。

沒有好好咀嚼就囫圇吞下的食物會對腸胃造成負擔，無法完全消化，導致消化不良。

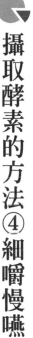

整體來說，現代人吃東西的速度都太快。關於一餐咀嚼次數和用餐時間長度的調查報告顯示，二次大戰前吃一餐的平均咀嚼次數是一千四百二十次，時間約二十二分鐘，相較之下，現代人吃一餐的平均咀嚼次數是六百二十次，時間約十一分鐘；無論咀嚼次數或用餐時間都少了一半。另一個研究報告則指出，吃東西速度愈快，愈有可能提高肥胖度。由此可知，吃東西太快是健康的大敵。

另外，吃得太快、沒有好好咀嚼的進食方式，無法刺激大腦下視丘的飽食中樞，容易造成過食的後果。大腦需要花二十到三十分鐘，才能做出是否已經吃飽的判斷。

一如第四、五章說明過的，消化不良是各種疾病的根本原因，過食則是造成消化不良的最大因素。

攝取酵素的方法⑤喝好水

若是沒有水，酵素就無法發揮作用。至少要有水，酵素才能活動，水的存在是最低條件。以下將說明怎樣的水才能令酵素有效發揮作用。

「水質」如果不好，酵素就無法正常活動，好水有促進酵素活性的效果。做爲溶媒（溶解溶質的成分），水的特徵與酵素的活性關係密切。

對酵素而言，好水的條件如下——首先，pH必須是7．4至7．5的弱鹼性；其次，必須是檢驗不出有害物質，無色透明的水；再來，水中要含有礦物質及豐富的氧離子。

第三章介紹過世界各地的長壽村，這些地區多半都有稱爲「生命之水」的良好水源。在日本，諸如山梨縣上野原市棡原地區或沖繩等居住了許多長壽者的土地，整體來說，都具有豐沛且乾淨好喝的水源。人們用這些好水製作發酵食品，灌溉出富含維生素、礦物質等營養素的蔬果。

想讓酵素好好發揮作用，一天至少必須喝一公升的好水。建議可以直接飲用礦泉水。

日本的自來水雖比較安全，爲了去除雜菌，自來水中難免含有氯，一旦喝下含氯的水，體內將會產生活性氧。因此，若要使用自來水，最好先用淨水器過濾，這樣比較放心。

睡眠的兩大作用

睡眠對人類來說，是不可或缺的生命活動。睡眠欲和食欲、性欲並列爲人類的三大欲望，它具有一個重要的目的，那就是代謝。

人體在就寢期間，會仔細檢查全身所有內臟器官和骨骼，若發現異常便著手修理、修補。如果檢查出不需要或用舊了的東西，也會將其丟棄並換上新的，這就是新陳代謝。

這些活動在清醒時無法達成，只能趁夜晚睡覺時進行，也就是「自然衛生」一日生理時鐘當中的「吸收與代謝」時段。

除了上述的代謝作用，睡眠還有另一個重要任務，就是利用睡眠時間大量生產酵素，爲了隔天的消化及代謝做準備，拚命補充一天份的體內酵素。

由此可知，睡眠時間有多麼重要！

夜間即使醒著活動，進展往往不如預期順利。沒法好好休息，製造不出足夠的酵素，身體異常的地方也未能獲得修復，新陳代謝停滯不前。免疫力的主將淋巴球也無法利用睡眠時間製造，導致免疫功能低落。

持續的睡眠不足，還會對自律神經帶來不良影響，造成頭痛、肩頸僵硬、暈眩、心悸、腹瀉等症狀。嚴重時不光是出現這些症狀，還有進一步惡化爲心臟病、大腦相關疾病及糖尿病的風險。睡眠不足導致的後果就是這麼可怕。

了解睡眠的兩大任務後，希望大家都能確保每天睡滿七至八小時。

更重要的是，「吸收與代謝」的時段一定要包含在這七到八小時內。一樣是睡七小時，晚上十一點睡到早上六點，與早上四點睡到十一點的價值，可說是完全不同。

終章

給初學者的
鶴見式酵素斷食

斷食（鶴見式・半斷食）爲何對身體好？

預防疾病與老化最好的方法就是Fasting。所謂Fasting是「斷食」的英文，而我提倡的斷食比較類似「半斷食」，和完全斷食有一點不同。

「鶴見式・半斷食」是鶴見式・酵素醫療的根幹，來我診所看診的病患，我都會請他們實行這套斷食法。

爲何斷食對身體有益處呢？首先，請讓我說明箇中原因。

現代日本人（以及各先進國家的人們）腸道多半非常髒。腸道一髒，細胞就會跟著髒，在全身一百兆個細胞內累積毒素。

尤其是肥胖的人，細胞裡充滿膽固醇、食垢、中性脂肪和眞菌（黴菌）、病原菌、白血球屍骸等污物，細胞膜也很髒，我稱此爲「細胞便祕」。簡單來說，就像每個細胞裡都有宿便堵塞一樣，這樣的細胞怎麼可能構成健康的身體。

斷食是唯一能用好細胞替換掉全身髒污細胞，恢復細胞乾淨原貌的方法。代謝行爲的要素「更換、重生、解毒、排泄」，都能透過斷食進行得更順利，因此，斷食在法國甚至有「不需動刀的手術」之稱。

斷食與酮體

以下要說明的，是執行斷食時體內能量會出現什麼狀況。

人類一停止進食，血液中做爲能量來源的葡萄糖（血糖）就會不夠，這時肝臟內的能量儲存物質「肝糖」，會在磷酸酶的作用下分解，生成葡萄糖。這些葡萄糖釋放到血液中，人體才不會陷入低血糖的危機。

人類的能量來源是糖與脂肪，其中，大腦更是以葡萄糖爲主要能量來源。大腦的葡萄糖消耗量，安靜時一小時約消耗四公克，這表示儲存在肝臟內約一百公克左右的肝糖，只要差不多二十五小時就見底了，也就是說，頂多只能撐整整一天。當肝糖用盡後，肝臟就會進行糖質新生。

糖質新生指的是人類在飢餓狀態下，用糖質以外的物質製造出葡萄糖，藉此維持血糖。

糖質新生的原料，以肝臟內的蛋白質（胺基酸）爲主，有時也會使用一部分腎臟內的胺基酸。進行糖質新生時，需要的酵素是葡萄糖－6－磷酸的磷酸酶，人體內只有肝臟和腎臟有這種酵素。因此，全身肌肉等各處的胺基酸紛紛集結於肝臟，在這裡進行糖質新生。

剛才提到肝臟內肝糖見底的情況，實際上在剩下百分之五十時，肝臟就會轉為進行糖質新生。所以，只要停止進食半天，身體便開始進行糖質新生了。

然而，糖質新生的能力會慢慢衰退，轉移為產生酮體。所謂「酮體」，是脂肪分解過程中製造的三樣物質（丙酮、乙醯乙酸和β－羥丁酸）總稱。在身體葡萄糖不足時，肝臟製造出這些東西，做為即效性的能量來源，分配給全身。

除了葡萄糖之外，只有酮體能為大腦供應能量，這是因為和糖同為能量來源的脂肪酸無法通過血腦屏障，只有酮體能通過。此外，酮體也是心肌、骨骼肌和腎臟的能量來源。

如上所述，為了製造出能量，會去燃燒體內的脂肪，由此出現了利用酮體來減肥的方法。但這種方法有其風險，因為酮體是酸性的分子，若酮體增加太多，會使血液產生偏酸的傾向。血液本是pH7．4的弱鹼性，酮體增加太多，對身體就會出現不良影響。

例如口臭或體臭加重，受強烈倦怠感襲擊等，嚴重時連大腦活動都會一口氣衰弱，甚至陷入昏睡狀態，這種情形稱爲酮症。勉強身體進行劇烈減肥時，往往就會發作酮症。

此外，重度糖尿病等內臟疲憊導致酮體轉換能量的能力減退時，也容易出現酮症。

如果只有少量酮體就無須擔心。因此，減肥時請不要追求速成，花時間慢慢減比較安全。

斷食的效能

以下列出斷食的功效：

一、**保留體內潛在酵素**

由於不需要進行消化活動，就不會大量消耗（浪費）酵素。

二、**讓所有內臟器官休養生息**

過度攝取食物，等於強迫腸胃等消化器官過勞，有「體內化學工廠」之稱的肝臟及腎臟、胰臟也疲憊不堪。斷食能讓這些臟器休息，達到抑制發炎的效果。

三、**淨化大腸**

緊緊黏在大腸壁上的陳年宿便，於腸道內散播腐敗毒素。大腸吸收了這些毒素，對健康造成不良影響。斷食能使陳年宿便剝落，爲大腸進行大掃除。

四、提升血液品質

小腸、大腸乾淨了，棘紅細胞（令紅血球呈表面粗糙不規則的球形毒素）就會減少，代謝酵素活性化，將串在一起的緡錢狀紅血球凝集解開，紅血球一個一個分散開來，血液變得清澈乾淨。如此一來，酵素也能順利運送往全身各處。

五、提升免疫力

血液乾淨了，白血球和淋巴球也跟著活性化，從中產生細胞激素（免疫物質），發揮抗發炎、抗腫瘍、抗菌及抗病毒的作用。

以上功效，對確保理想體重及改善心血管器官都有幫助，也因此能夠消除頭痛和全身痠痛。

如果你現在有上述疾病或問題，請嘗試進行斷食，相信對改善病狀會有很大幫助。

斷食該注意什麼？

我推薦的「酵素斷食」，是分成早、午、晚三次，每次只吃少量蔬菜、水果的半斷食，一方面仍保有防止氧化的力量，一方面對身體又比較溫和。即使如此，半斷食仍然是斷食，還是有需要注意的地方。

一、**請補充足夠的水分**

充分攝取礦泉水等好水。充足的水分能使代謝變好，幫助體內毒素變成汗水、尿液和糞便，更容易排出體外。

二、**注意斷食前後的飲食**

斷食前一天就要開始控制食量，以富含酵素的生鮮蔬菜、水果為主。結束斷食後的頭兩餐也只吃生菜沙拉或用新鮮水果搾成的果汁、磨成泥的蔬菜等容易消化，對胃腸不會造成負擔的食物，目的是讓腸胃慢慢恢復正常運作。

之後就可以恢復正常飲食了。

三、**即使出現「好轉反應」也不要著急**

所謂好轉反應，是症狀在改善過程中出現的副作用，乍看之下會以爲是症狀的惡化。由於細胞透過斷食得以汰舊換新，崩壞的舊細胞物質滲入血液，還會從肝臟流入小腸的迴腸，這時就經常出現好轉反應。另外，新陳代謝過程中，偶爾也會出現發炎現象。

好轉反應的症狀包括頭痛、肩頸僵硬痠痛、腰痛、想吐、暈眩等。細胞便祕愈嚴重的人，好轉反應的症狀也愈強。眞的很難受的話，可以泡泡腳或泡半身浴，應該能減緩頭痛等症狀，或是在生菜上抹生味噌吃，效果也不錯。只要持續斷食，好轉反應就會慢慢減少，因爲毒素已經排出身體，逐漸換上新的健康細胞了。

本書介紹的斷食適合新手，不用太擔心好轉反應的問題。但絕對嚴禁採用錯誤的斷食方法，也不可勉強自己做太激烈的斷食。

適合新手的酵素斷食

我診所內指導的斷食，主要是為了治療癌症或重症患者，分為長期（幾個月）、中期（一到三星期）和短期（一星期內）的方式。

而本書介紹的是適合新手的「半日斷食餐」、「一日斷食餐」，以及稍微正式一些的「兩日半斷食餐」。這三種斷食時程，可當作是以守護健康為目的的嘗試性斷食。即使期間短，依然不改斷食的事實，實行時請不要隨心所欲改變內容，必須確實遵守書中介紹的方法。

書中介紹的菜色只是範例之一。平常我指導的酵素斷食菜單，會以酸梅乾、蔬菜、蔬菜泥、水果和熬米湯等食材組合變化成幾種不同的菜色。食物都是少量，以富含酵素的食材為中心，配合當下的身體狀況，由病患自己選擇要吃哪套菜單。書中所介紹的，是基礎中的基礎。

最重要的是先去實踐，親身體驗、感受自己身體斷食後的效果。

鶴見式・半日斷食餐

這是前一天晚上七點吃過晚餐後，到隔天中午都不吃東西的「半日斷食」。簡單來說，就是只拿掉一頓早餐不吃的十七小時輕斷食，光是這樣已能夠讓腸胃稍事休息，減少消化酵素的浪費。

半日斷食期間只喝品質優良的好水，實行目標為一星期一次，可以選擇週末或任何想實行的時間進行。

鶴見式・一日斷食餐

酸梅乾含有豐富的檸檬酸，能有效消除疲勞。這套一日斷食餐，三餐都攝取這樣的酸梅乾，透過二十四小時的斷食，讓疲憊的腸胃好好休息，排出體內毒素。重要的是，記得補充品質優良的好水。實行目標爲一個月兩次。

早餐——酸梅乾一顆，亞麻仁油一大匙（直接喝）。

午餐——酸梅乾一顆。

晚餐——酸梅乾一顆，白蘿蔔泥；一根小黃瓜和一根芹菜，沾鹽吃。

鶴見式・兩日半斷食餐

從星期五晚上到星期天早上，利用整個週末執行的斷食。結束斷食後，一定能實際感受到體內毒素徹底排出，值得放手一試。記得每天都要攝取超過十杯的好水。實行目標為一個月一次。

第一天晚餐——酸梅乾一顆，蔬菜泥（白蘿蔔五公分、生薑三公分、紅蘿蔔三分之一根、小黃瓜一根。以下相同）淋上醬汁（少許醬油、少許烏醋、一大匙亞麻仁油、一小匙羅漢果顆粒）。

第二天早餐——酸梅乾一顆，蔬菜泥淋上醬汁，也可用蔬菜棒取代蔬菜泥。一種水果（香蕉一根或半顆蘋果等）。

第二天午餐——酸梅乾一顆，蔬菜泥淋上醬汁。

第二天晚餐——酸梅乾一顆，蔬菜泥淋上醬汁，或是直接吃淋上醬汁的生菜沙拉（幾種不同的蔬菜組成）。也可用蔬菜、水果打成新鮮果汁（包括食物纖維在內約兩百到四百毫升，連纖維一起吃）。

第三天早、午、晚餐——和第二天一樣。

第四天早餐——酸梅乾一顆，蔬菜泥淋上醬汁，或是用蔬菜、水果打成新鮮果汁（和第二天晚上一樣）。再吃一到兩種水果（蘋果可磨成泥吃）。

結語

非常感謝您閱讀到最後。酵素的眞相是什麼，酵素對健康造成多大影響，相信現在您已經很清楚了。

關於老化及壽命長短的原因，最常見的說法有「氧化壓力論」、「端粒論」以及「老化基因論」，其中「端粒論」，更因二〇〇九年的諾貝爾醫學生理學・醫學獎，在一夕之間受到關注。

然而，這些都只是老化與壽命的中間原因，最主要的因素，還是在於連這些原因都能支配的「酵素壽命論」，潛在酵素（體內酵素）的量，才是決定老化和歲數的關鍵。

酵素這麼重要，如今你體內還有多少酵素呢？本書最後附上一份「酵素力」診斷測驗表，上面記載的症狀都是酵素不足所引起的身體不適。測驗結果爲「酵素不足」的人，請從今天開始攝取大量生菜、水果，豐富自己的「酵素生活」吧！

此外，每隔一段時間，定期做一次「酵素力」診斷測驗表。

體內的「酵素力」診斷測驗

※日常生活中若有以下症狀，請在回答欄內打○

症狀	回答	症狀	回答
頭痛 頭重重的		便祕 大便很臭	
暈眩 耳鳴		放屁很臭	
失眠 半夜醒來		常打嗝、火燒心 不時胸口痛	
眼睛充血 眼睛發癢、發腫、黑眼圈		吃完飯馬上想睡覺 白天想睡覺	
打噴嚏、流鼻水 容易鼻塞		關節痛、腰痛 脖子痛、坐骨神經痛	
經常咳嗽 喉嚨容易紅腫發炎		水腫 下肢冰冷	
舌頭、齒肉、嘴唇發腫 舌頭發白		頻尿 排尿不順	
蕁麻疹、長疹子 長青春痘、皮膚癢		學習能力差、專注力不佳 健忘	
多汗 睡覺常盜汗		躁動、坐立不安 容易不耐煩、易怒	
無汗 睡覺不流汗		慢性疲勞	
心悸 胸痛		經常感到有氣無力 容易提不起勁	
經常腹瀉 糞便形狀不佳、腹部鼓脹		（限定女性回答） 生理期不順或嚴重生理痛	

＊ 0個○……體內具有足夠酵素，身體非常健康。

＊ 1～ 3個○……酵素力普通，請過一段時間再重新測驗一次。

＊ 4～ 6個○……消化酵素不足，建議實行鶴見式・半日（或一日）斷食。

＊超過 7個○……消化酵素、代謝酵素皆嚴重不足，必須實行鶴見式・兩日半斷食餐。

参考文献

《酵素栄養学講座テキスト》 鶴見酵素栄養学協会
《Enzyme Nutrition》 Edward Howell,M.D.
《Updated Articles of National Enzyme company》 Dr.Rohit Medheekar
《Digestive Enzymes》 Rita Elkins,M.H
《The healing Power of Enzymes》 DicQie Fuller,Ph.D.,D.Sc
《The Enzyme Cure》 Lita Lee,Ph.D
《Enzyme Therapy Basics》 Friedrich W.Dittmar,M.D. and Jutta Wellmann
《Colon Health》 Norman W.Walker,D.Sc.,Ph.D
《Enzymes Enzyme Therapy》 Dr.Anthony J.Cichoke
《Tissue Cleansing Through Bowel Management》 Dr.Bernard Jensen
《Alternative Medicine Definitive Guide to Cancer》 W.John Diamond, M.D. and W.Lee Cowden.M.D. with Burton Goldberg
《Oral Enzymes:Facts & Concepts》 M.Mamadou,Ph.D
《Absorption of Orally Administered Enzymes》 M.L.G Gardner & K-J. Steffens
《腸内革命》森下芳行 （ごま書房）
《常識破りの超健康革命》 松田麻美子 （グスコー出版）
《フィット・フォー・ライフ》 ハーヴィー・ダイアモンド、マリリン・ダイアモンド著　松田麻美子訳 （グスコー出版）
《医者も知らない酵素の力》 エドワード・ハウエル著　今村光一訳 （中央アート出版社）
《最強の福音！ スーパー酵素医療》 鶴見隆史 （グスコー出版）
《長生きの決め手は「酵素」にあった》 鶴見隆史 （KAWADE 夢新書）
《「酵素」が病気にならない体をつくる！》 鶴見隆史 （青春文庫）
《酵素で腸年齢が若くなる！》 鶴見隆史 （青春出版社）
《病気にならない腹６分目健康法》 鶴見隆史 （中経の文庫）
《「酵素」が免疫力を上げる！》 鶴見隆史 （永岡書店）
《Dr. 鶴見の体の中からきれいにする酵素ごはん》 鶴見隆史 （メディアファクトリー）

Beautiful life 083

酵素奇蹟：不生病、抗老的關鍵祕密

原著書名／「酵素」の謎——なぜ病気を防ぎ、寿命を延ばすのか
原出版社／株式会社祥伝社
作　　者／鶴見隆史
譯　　者／邱香凝
企劃選書／何宜珍
特約編輯／連秋香
責任編輯／劉枚瑛

版　　權／吳亭儀、江欣瑜
行銷業務／周佑潔、賴玉嵐、林詩富、吳藝佳
總 編 輯／何宜珍
總 經 理／彭之琬
事業群總經理／黃淑貞
發 行 人／何飛鵬
法律顧問／元禾法律事務所 王子文律師
出　　版／商周出版
115 台北市南港區昆陽街 16 號 4 樓　電話：(02) 2500-7008　傳真：(02) 2500-7579
E-mail：bwp.service@cite.com.tw　Blog：http://bwp25007008.pixnet.net./blog
發　　行／英屬蓋曼群島商家庭傳媒股份有限公司城邦分公司
115 台北市南港區昆陽街 16 號 8 樓
書虫客服專線：(02)2500-7718、(02) 2500-7719
服務時間：週一至週五上午 09:30-12:00；下午 13:30-17:00
24 小時傳真專線：(02) 2500-1990、(02) 2500-1991
劃撥帳號：19863813　戶名：書虫股份有限公司
讀者服務信箱：service@readingclub.com.tw　城邦讀書花園：www.cite.com.tw
香港發行所／城邦（香港）出版集團有限公司
香港九龍土瓜灣土瓜灣道 86 號順聯工業大廈 6 樓 A 室
電話：(852) 2508-6231 傳真：(852) 2578-9337　E-mail：hkcite@biznetvigator.com
馬新發行所／城邦（馬新）出版集團 Cité (M) Sdn Bhd
41, Jalan Radin Anum, Bandar Baru Sri Petaling,
57000 Kuala Lumpur, Malaysia.
電話：(603)9056-3833 傳真：(603)9057-6622　E-mail：services@cite.my

封面設計／ copy
內文編排／林家琪
印　　刷／卡樂彩色製版印刷有限公司
經 銷 商／聯合發行股份有限公司　電話：(02)2917-8022　傳真：(02)2911-0053

■ 2024 年 6 月 11 日初版

Printed in Taiwan
城邦讀書花園
www.cite.com.tw

定價／ 450 元

ISBN 978-626-390-092-9　ISBN 978-626-390-079-0（EPUB）

線上版
讀者回函卡

Original Japanese title: “KOUSO” NO NAZO: Naze Byouki o Fusegi Jumyou o Nobasunoka

國家圖書館出版品預行編目 (CIP) 資料

酵素奇蹟：不生病、抗老的關鍵祕密 / 鶴見隆史著；邱香凝譯 . -- 初版 . -- 臺北市：商周出版：英屬蓋曼群島商家庭傳媒股份有限公司城邦分公司發行，2024.06　288 面；14.8×21 公分 . -- (Beautiful life；83)　譯自：「酵素」の謎：なぜ病気を防ぎ、寿命を延ばすのか　ISBN 978-626-390-092-9(平裝)　1.CST: 酵素 2.CST: 健康法
399.74　　113003707

Beautiful Life

Beautiful Life